THE COMPLETE GUIDE TO JOINT-MAKING

西式榫接全書

約翰・布勒（JOHN BULLAR） 著　　郭政宏 譯

謹將本書獻給阿賈克斯 ‧ 布勒（Ajax Bullar）——
先父於 1917 年自戰壕中負傷歸鄉後，踏上家具木工師傅的養成之路。

目錄

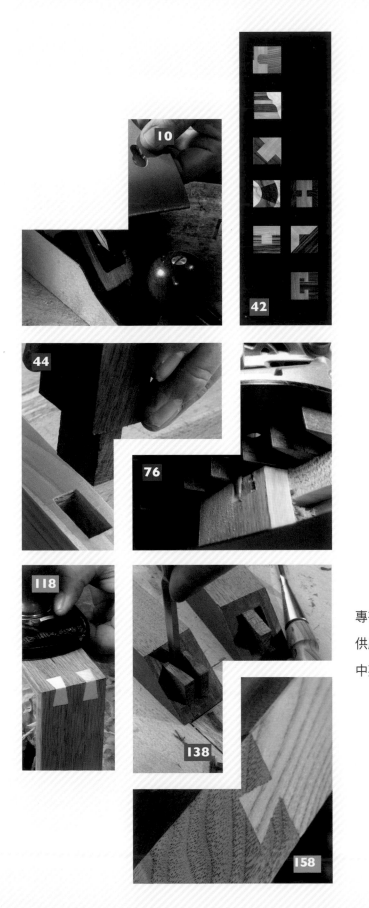

前言

每一件成功的木工作品都需要以製作精良的榫接為基礎。本書介紹的榫接製作方法雖然來自我個人製作家具的經驗,但在木工的其他領域也一樣適用。

大部分的榫接類型都會隨著木匠們數百年來代代發展的工法而不斷進化。為了因應特定需求,他們拿起日新月異的工具,將過往所學的技藝加以改造。這使得榫接的種類多如天上繁星,而且日與俱增。不過,我們還是可以將大部分的榫接分類,善用手邊的工具來學習最好的製榫方法。

有些榫接完全靠膠水黏合,有些可以完全互鎖而不須黏著。大部分的榫接則落在這兩者之間:同時靠著成形木材所產生的機械強度和膠裝來防止分離。在工具方面,我會視計畫所需選擇手工具、動力工具與機器,或是搭配使用。為了清楚起見,本書會將這些技術分開在不同篇章介紹。我認為先掌握手工具的使用技巧後,再來練習機械操作會比較好。如此一來才能更了解如何進行精確的作業。

精確度

榫接如果做得不精確,很可能導致作品搖晃甚至解體,或者在強行組裝的時候裂開。有時候我們當然能在切削完榫接之後再加以修正、讓它密合;不過最有效率的當然是在第一次組合時就一次到位。另外,細木作的榫接不能出現肉眼可見的縫隙。

要做出好的榫接,視線必須清晰。戴眼鏡當然不是問題,如果裝上安全鏡片,還能進一步提供基本的保護。

木工工房通常比較昏暗,需要額外照明。傾斜檯燈所提供的局部照明很適合用於榫接的標記和削切,因為我們可以就著燈光來檢查表面的細微痕跡。

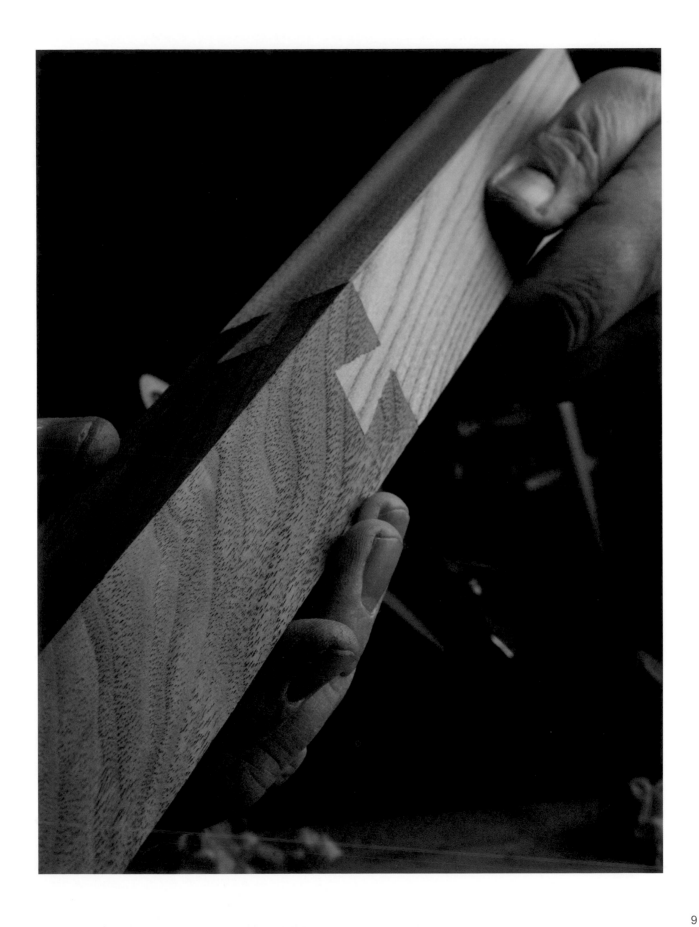

工具與材料

我們很容易忘了自己使用的材料是來自樹木，特別是那些預先包裝並且入窯乾燥（klin-dried）的木材。因此本篇我們要探索的是選用木材的基本知識，並且了解各種手工具（hand tool）與動力工具（power tool）的運用。這兩類工具在工房（workshop）中均占有一席之地，而且經常搭配使用。一般來說，動力工具適合用來削除大量材料；精細的作業則最好以手工具進行。

手鋸

鋸木用的大型手鋸幾乎都已經被動力鋸取代，不過大部分的木工還是會使用手持式的夾背鋸（handheld backsaw）來製備（prepare）木材。夾背鋸的上端有一條金屬背脊，一方面可做強化，一方面可將外力施加的重量沿著鋸身平均分布。鋸片（blade）筆直且薄，能在木材上切出漂亮的溝槽（slot）或鋸口（kerf）。

開榫鋸與鳩尾榫鋸

開榫鋸（tenon saw）與鳩尾榫鋸（dovetail saw）是最常見的夾背鋸，分別用來切割大型榫與小型榫。開榫鋸的鋸片（blade）較寬，用來切割大型榫；鳩尾榫鋸的鋸片較窄，能提供精密作業所需的直度與準度。

把手

優良的夾背鋸木把手（handle）由山毛櫸、胡桃木或楓木製成，握起來舒適順手。把手上下的凸角會貼合手掌。把手的形狀差異很大，購買前建議多比較、多試用看看。

鋸背

鋸背部分可由鋼製。不過黃銅的密度較高也較軟，不僅能做出較大的尺寸、容易貼合鋸片，也比較耐腐蝕、能磨得更亮。

夾背鋸的鋸齒（teeth）可用銼刀（file）從適當的方向磨利。

▼

▶

開榫鋸有較寬的鋸片與 D 字形把手；鳩尾榫鋸有較窄的鋸片與槍柄形把手。

橫切還是縱切

夾背鋸的鋸齒區分為適合橫切和縱切兩種。雖然以鋸齒當初設計的方向來使用最理想，不過這兩種鋸子可以對調，不一定非要準備兩把不可。

剛開始以某個角度鋸切時很容易抖動。使用前端鋸齒特別細，愈往後鋸齒愈大的專業級鋸子，有助於減輕這種情形。不過只要保持耐心，用拇指適當引導，一把的細齒的鋸子也一樣能將工作做好。

鋸口與鋸路

夾背鋸的鋸片厚度通常略大於 1/64 英吋（0.5mm）。鋸齒通常奇偶交錯排列，好讓鋸口比鋸片稍寬，才不會卡住。有些木匠會利用虎鉗（vice）輕輕夾緊新鋸子的鋸齒，使鋸路（set）變窄、變直。加硬鋸（hard-point saw）無法磨利或調整，所以鋸片是拋棄式的，需要汰換。

▲
這把日本導突拉鋸（Dozuki pull-saw）鋸片的加硬齒由於材質太脆，不能磨利或調整。

◄
鋸路鉗（saw set，編按：又稱鋸齒修整器）能夠將中間隔有一支齒的兩支鋸齒稍微往同一個方向扳動。

拉鋸動作

用三根手指加姆指一起握住夾背鋸的把手，食指指向鋸背。在拉鋸時，雙腳分開並與工作台（bench）保持一點距離，讓手臂有空間進行活塞般的往復運動。上臂、前臂和手腕要對準鋸背，讓整隻手臂和鋸子成一直線。

開始鋸時，以不握鋸子那隻手的食指和姆指捏住板子來導引鋸片。當鋸片的平滑面接觸到這兩隻手指時，鋸子的大部分重量會從鋸齒處卸除。

▶ **TIP**

日本鋸的鋸齒後緣較陡，所以切割作用會在後拉動作時發生。日本鋸在鋸切時，鋸片會被向後的張力拉直，而不像西式鋸那樣可能在前推切割時擠彎，因此鋸片能做得很薄。日本鋸的鋸齒磨得比傳統的西式鋸更陡；某些現代加硬鋸也做成這種樣式，以提升切割速度。

如果鋸子滑出軌道（course），不只很難復原，甚至連接下來的鋸口都會歪曲。因此作業時必須保持專注、確保角度正確，拉鋸行程（stroke）才會對齊。當鋸到底部時，鋸子必須保持水平，以免其中一端不小心鋸過頭。

◀ 開始鋸切時，用食指和姆指捏住板子以導引鋸片。

▶ 家具工匠馬丁·葛里遜（Martin Grierson）正在示範當抵住手切鋸台進行橫切時，手臂和鋸片如何成一直線。

▥ TIP

鋸切是涉及三維空間的作業。遇到較刁鑽的鋸切工作時，你的頭可能得移到鋸片的正上方。木材要牢牢固定在虎鉗低處或手切鋸台（bench hook）上，以免振動。

如果要以奇怪的角度鋸木，你可以將木材斜斜地固定在虎鉗上，讓鋸片相對保持垂直。這樣操作起來比較簡單，也確保對應的切口角度一致。

▶ 要用雙眼同時檢查，才能準確判斷鋸口的切割情況。

▲
快鋸到末端時，鋸片須保持
水平，避免某一端鋸過頭。

▲
要鋸一些較特別的角度時，
你可能需要像切割這個雙斜
接榫一樣，將木材傾斜。

弓鋸

小型弓鋸（frame saw）最適合用來去除榫孔所產生的廢料。市面上
的弓鋸樣式眾多，但基本上都是利用一個固定框架來拉緊一條細鋸
片的兩端。

鑲鋸（coping saw）是一種尺寸中等的多功能鋸，可替換的鋸片用螺
絲鎖在鋼製框架的兩端。

鋼絲鋸（fretsaw）與金工鋸（jeweller's saw）用來製作精細的榫接，
它們的缺點是比較脆弱，也切割較慢。

►
要去掉插槽中的廢料，你需
要一把像這把鑲鋸的小型弓
鋸。鋸片在往回拉時切割，
小支的握把可以用雙手握住。

鉋刀

好的榫接來自於刨削平整的木材，而仔細調整過的鉋刀（bench plane）正扮演其中的關鍵角色。頂級的新鉋刀價格高昂，一拆封就要如預期地好用。不過較便宜或較舊的鉋刀，只要作工牢靠，經過調整後一樣能有好的表現。

貝利鉋刀

「貝利」鉋刀（Bailey plane）是最常見的鉋刀類型，以其維多利亞時代的發明者命名。貝利鉋刀的樣式很多。上面裝有經過精工打磨的刀刃，也稱為「刀片」（cutter），上方用螺絲固定著一個斷屑器（chipbreaker），頂端夾著一片鉋刀蓋（lever cap）。鉋刀蓋通常是鐵製，有時候也用青銅（bronze）製成，用來增加重量並減輕振動或抖動。

刀片表面光滑平整，斷屑器緊固在此平面上。刀片與斷屑器緊密貼合這點是至關重要的。如果兩者間有空隙，就會夾進小刨屑，接著卡進更大的切屑。鉋刀最常見的問題就是裝了形狀不佳或未經妥善調整的斷屑器。

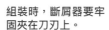
想做出精良的榫接，刨出平整的木材是首要任務。
▼

▶
這把貝利鉋刀的上方用螺絲固定了一個斷屑器。青銅鉋刀蓋夾在頂端。

▶
組裝時，斷屑器要牢固夾在刀刃上。

微調

鉋刀組裝後需進行調整。第一步是把鉋刀反著拿，一邊旋轉深度調整器（depth adjustor），一邊從底部與側面觀察。刀片前端應該從開口伸出 1/64 英吋（0.5 mm），再往內退回，讓刀刃幾乎不露出來。

接著用鉋刀刨一塊邊角料以進行微調。順著木紋刨；不過有時候木紋可能不太清楚，所以兩個方向都要試試。將表面刨平後，應該會產生像紙一樣薄的刨花。鉋刀蓋要小心移動，刀片的兩側深度才會一致。

▲
當你調整完鉋刀、木材表面變得平整時，應該就會看到薄薄的刨屑。

◀
將鉋刀反拿，調整刀片深度的同時一邊觀察底部。

刨削表面與邊緣

沿著長邊以同一方向刨削木板表面。剛開始刨時，壓住鉋刀前端以平衡後端的重量；刨到末端時，改壓住鉋刀後端以支撐前端。刨削的行程要一次次地從木板的一端橫跨到另一端。

> **TIP**
>
> 鉋刀要保持水平，木板的邊緣才會刨得平直。用手捏住鉋身的前端，鉋刀下方的手指藉由抵住木材來引導鉋刀。一次削平兩塊木材的邊緣，接合時會更容易吻合。

▲
刨削木板邊緣時，手指在下方引導。

端面

木材的端面（end grain）也能以鉋刀來修整，不過刨削深度必須非常淺，以免木材纖維彎曲而折斷。端面刨起來並不容易，因為可能會撕裂邊緣。因此為了避免邊緣撕裂、讓成品光滑，事前可以先對端面做倒角處理（chamfering）。

▶ 如果你能將木材端面刨得像側面一樣好，就代表鉋刀鋒利，而且調整得很好，有助於削平圖中這樣的貫穿式榫頭。

特殊鉋刀

阻擋鉋（block plane）比木鉋小，構造也較簡單，適用於修整邊緣和榫接。刀片擁有朝上的傾斜刀刃。使用時，用單手握住小巧的阻擋鉋，食指壓在前端的凹陷螺絲上，拇指與其他手指抓住側面。

榫肩鉋（shoulder plane）是比較窄的阻擋鉋，用來修飾邊緣的細節，比如榫頭的榫肩，因而得名。這種鉋刀的開口非常小，又沒有邊框，可以做精細的刨削。但如果沒有妥善調整，會非常容易卡住。

▲ 阻擋鉋是一種小巧簡單、單手就能使用的工具。

◀ 榫肩鉋是窄版的阻擋鉋。

邊鉋（rebate plane）的設計是為了刨削木材的邊緣，在單邊切出開放的凹槽（rebate），或稱做槽口（rabbet）。邊鉋裝有一對擋板，一片位於遠側，用來限制切割的寬度；另一片位於近側，用來限制槽口的深度。

嵌槽鉋（plough plane）也裝有能像邊鉋一樣導引的擋板，它的刀片較窄，用來刻出直槽（或橫槽）。嵌槽鉋另有兩片垂直的刀刃，用來切削溝槽的兩側壁面。嵌槽鉋經過調整後，便可裝入不同寬度的刀片。

▲

邊鉋的設計讓它只能從單側刨削木材。

嵌槽鉋有一組狹窄的刀刃和引導用的擋板，能夠刨出槽溝。

▼

鑿刀

大部分手工榫接都會用到鑿刀。作工精良的機械製榫接也經常要以手工鑿切來修整轉角。最常用的兩類鑿刀是方形鑿（square-edge chiseld）與斜刃鑿（bevel-edged chisel）；前者用於切除大塊木料，後者則用於細微的塑形。

鑿刀的種類

斜刃鑿通常比較細長，設計用來切削複雜的形狀和榫接。它的側面較薄而且往前方收窄，方便刀鋒從各種角度伸入轉角中作業。

方形鑿原本用來槌入方形插槽的側邊。鑿子的寬度也特地配合榫接的尺度。

短鑿（firmer chisel）的方邊角度較淺；榫孔鑿（motise chisel）的方邊角度較深。這些鑿刀能大力鑿入硬木深處而不會變形。

▶
**方形鑿的寬度是配合
榫接尺度而設計。**

榫鑿的刀刃厚度大於寬度，可避免在不斷敲打下彎曲。窄打鑿（deeper chisel）一般也歸類為榫孔鑿，因為它剛好能深入榫孔中。

鉗工鑿（bench chisel）是複合式的工具：一把短又硬的斜刃，具備多項功能。它能用手動切削，也可用木槌敲鑿。

◀
方形鑿（左）與斜刃鑿（右）。

細木作的木匠比較喜歡使用慢速、水冷式的磨輪。

鑿刀用鋼材

製作鑿刀的鋼材必須堅硬且擁有高品質。不過有些特質難以兼顧：鋼材要硬，才能維持刀刃的鋒利度，但又不能太硬，否則容易脆化。強韌（toughness）是鋼材最重要的特性，刀鋒才不會太快磨損。

西式鑿刀的硬度通常是洛氏硬度 58 到 61HRC（編按：HRC 洛氏硬度值由 Rockwell 硬度試驗計中，較適合測量硬質材料的 C 尺所測得）。傳統鑿刀的刀刃大約含有 1% 的碳，硬度以冷卻方式控制。某些鑿刀會使用添加了鉻、鎂或釩的合金鋼來提高硬度和抗磨損性。

鑿刀把手

傳統的把手均由硬木製成。一般認為最好的材料是黃楊木（boxwood）或鵝耳櫪（hornwood），不過白蠟樹（ash）和山毛櫸（beech）也相當合用。一般木工和 DIY 市場的通用型鑿刀通常使用聚丙烯（polypropylene）製造把手。這種產品拿在手上感覺過大而且平衡較差，不過只要鋼製刀刃製作精良，塑膠柄鑿刀仍然是堅固實用的選擇。

用鑿刀切削

使用鑿刀切削木材時，可以像握刀一樣水平地握住刀柄，或是像起拿匕首一樣垂直地握住刀柄。一手導引刀刃，一手導引刀柄。比起短柄，長柄鑿刀的定位較準確。

最好先利用固定好的廢木料來練習，切削比敲鑿更容易過頭。鑿刀的側邊如果太鋒利都要事先磨鈍，否則操作時很容易傷手。

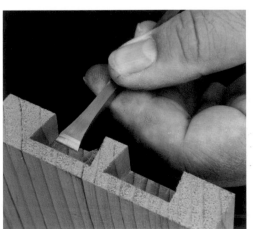

◀

魚尾鑿（fishtail）能將非貫穿鳩尾榫（lapped dovetail）的角落切削乾淨。

用鑿刀槌鑿

使用槌子和鑿刀鑿出插槽是最傳統的方式。藉由一連串淺淺的敲槌動作沿著插槽的長邊除去一層木屑。

沿著直線槌鑿插槽時，你可以目視檢查鑿刀的側面是否垂直於該條直線。或者，將一個方邊木塊對齊基準線夾住，然後用鑿刀抵住木塊施力。

一次鑿掉太多廢料會迫使鑿刀退出線外，使得插槽太長而無法切合榫肩。要避免發生這種情形，需在鑿掉廢料時與基準線保持一點距離，再沿著直線槌鑿或切削。

槌子雖能施加強大的力量，但通常還是會有規則地輕敲。木槌最適合與木柄鑿刀搭配使用。

◀
平直的鑿刀刀背對直線切割來說非常重要。

▲
用鑿刀切削時一邊看著刀鋒，可以確認鑿刀是否垂直。

傳統做法中只會使用鑿刀切出插槽。不過現在大多會先以榫孔機（mortiser）、木工雕刻機（router）或電鑽（drill）開出凹洞後，再用能搆到深處的榫孔鑿修邊。

◀
這種刀柄能承受金屬槌敲擊而不會裂開。

▶
要去除大塊木料時，先斜斜地鑿一刀，再垂直鑿下。

日式鑿刀

傳統日式鑿刀的設計與西式鑿刀相差甚遠。日式鑿刀的刀刃由硬度極高（可達洛氏硬度64HRC）的積層鋼製成，鍛接在較軟的鋼材上。鑿刀底面呈現中央凹陷，不需要常常磨平，只要針對尖銳的邊緣以皮帶（strop）磨刀即可。不過當刀刃斜邊磨耗到凹陷處時，就需要重新磨平。久而久之，凹陷處愈用愈窄，而四周區域則愈用愈寬。

日式鑿刀的刀刃可能不適合以治具（jig）固定，因此必須手工磨平。磨刀時，指尖放在靠近尖端的位置出力，手要以固定角度托住刀刃。

日式鑿刀背部的凹陷使得刀緣四周只剩下一小塊平坦區域。

像這樣以拇指和食指捏住刀緣部位，就能精準控制這把日式削鑿的長柄，做精細的切削。

用沾濕的磨刀石磨利日式鑿刀，以指尖施壓。

木工雕刻機與銑削台

木工雕刻機是一種多功能工具，包含安裝在滑動式底座上的一具電動馬達，以及從下方伸出的旋轉銑刀。它的主要用途是切割溝槽。安裝在雕刻機上的銑刀尺寸並不小，很難光憑雙手操作，因此要有導件（guide）的協助。

正確的方向

如果你將木工雕刻機移往錯誤方向，它會因被推離導軌而從路線上鬆脫，可能造成傷害。這種情形稱為攫取（snatching），對還不熟悉機器的使用者來說是很大的問題。

想切出筆直溝槽，方法主要有兩種。一是在要切出的溝槽旁邊夾上一條筆直的邊條，再將雕刻機的底座抵住邊條切割。二是藉由雕刻機的滑動擋板導引，讓機器平行於木材的邊緣移動。當銑刀旋轉時，前緣會將雕刻機往側面推，所以必須使用導件來抵擋這股力量。力量的方向取決於雕刻機的移動方向。切割前要仔細計畫，並且在切割材料前先在廢料上進行試驗。

▶ 圖中，雕刻機往遠離攝影者的方向拉去，所以銑刀造成的反作用力會讓滑動式擋板抵住木材邊緣。

切割深度

切割深度較大時，分幾次進行絕對是比較好的做法。每次切割大約再往下 1/8 ～ 1/4 英吋（3 ～ 6mm）。雕刻機裝有彈簧柱塞（sprung plunger）以及附有轉塔（rotating turret）的限深環（depth stop），能夠輕鬆重複進行同樣的切割。

▶ 可調式限深環能夠限制銑刀從平面往下切的深度。

培林導引的銑刀

製造商提供的小型培林（bearing，編按：即軸承）可以栓在某些銑刀末端做為導輪使用。你可以讓培林沿著邊緣滾動，如此一來銑刀就能受其導引，準確前進。如果在末端裝上更小的培林，可以用直線銑刀切出精準的槽口。

銑刀材質

雕刻機的 TCT（碳化鎢合金頂端，tungsten carbide tipped 的縮寫）銑刀是將堅硬的材質以銅鋅合金焊接在鋼製的主體上，因此刀緣較耐磨。不過 TCT 銑刀的鋒利度不如優良、新穎的鋼製銑刀。HSS（高速鋼，high-speed steel 的縮寫，用於製造工具機的高溫合金）製品的鋒利度是碳化鎢無法比擬的。不過高速鋼磨損較快，特別是用在切割密集板這類複合材質的情況。

▶ 由培林導引的銑刀可以裝上不同尺寸的培林，以改變切割深度。

不同速度

現代雕刻機配備有可調速的馬達，使用小型刀具時，轉速最快可達到 24000rpm。雕刻機必須藉由高轉速才能達到木材與刀具之間的穩定性、避免抖動。銑刀轉得愈快，成品就愈平順。話雖如此，直徑大的銑刀擁有較高的最高容許轉速，能承受更大的力道。

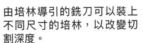

可能發生哪些失誤？

雕刻機的刀具必須牢牢固定在夾頭（chuck）上，否則可能滑動或鬆脫。掌握雕刻機的進刀速度是一門學問。如果太慢，刀刃會持續摩擦木材的同一個位置而造成燒焦；但如果太快，刀刃會過熱、變鈍，結果還是會讓木材燒焦。

如果硬把雕刻機裝在狹窄的桌邊、使得機器無法固定牢靠，機器就會搖晃，讓刻出的溝槽歪斜。要解決這個問題，可以用虎鉗將木材固定在一塊更寬、而且頂部平整的木材上。只要有了正確的轉速、進刀方向，以及牢固的導件，雕刻機就能做出優良的榫接。

▲ 大直徑的銑刀必須搭配銑削台使用，以免振動或攫取這樣的危險情形發生。

銑削台

如果若將雕刻機安裝在銑削台（router table）下方，就能賦予新的功能。雕刻機與銑削台基本上就是一台縮小的單軸刨木成型機（spindle moulder），很適合較小規模的精密加工。銑削台可以搭配標準銑刀做出特製的榫接，也可以用特製的銑刀來量產榫接。

▶ 這台落地式的銑削台擁有寬廣的台面，可處理稍大的木材。

認識你的銑削台

銑削台有多種尺寸，小自桌上型、到有大桌面的落地型都有。不過只有當你要處理大型木材時，才需要考量尺寸。要準確地製作榫接，最重要的是銑削台與雕刻機都必須穩固，才不會在切削時彎曲或者振動。

重型雕刻機必須固定在銑削台下方，否則在雕刻機上下顛倒的狀況下利用內建的壓入式彈簧進行升降，操作起來相當不方便。較大型的銑削台裝有升降平台，藉由一支安裝在台面上的拆卸式把手來控制銑刀的高度。

▲ 這台雕刻機固定在升降台下方，可以精準控制伸長到台面上方的銑刀高度。

◀ 銑削台基本上就是一座縮小的單軸刨木成型機。

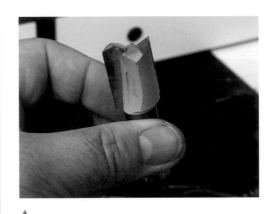

▲
這支大直徑的雕刻機銑刀只能搭配銑削台一起使用。

銑刀擋板

銑刀後方有一片垂直的直線擋板。擋板中間開有一道空隙，方便往前拉到銑刀的兩側。如果銑刀只露出一小部分，可以用來製作較窄的榫接。

▲
後擋板中央有一道間隙，使擋板能在銑刀周圍推拉移動。

滑動擋板

要在銑削台上進行橫切時，滑動擋板是很必要的工具。如果銑削台本身沒有滑動擋板，可改用大塊的方形木板抵在後擋板上充當。

▶
如圖，你可以用大塊的方形木板充當滑動擋板。

帶鋸機

帶鋸機是固定式的多功能機械，只占地板或工作台的一點空間。它能進行縱切（rip-saw）、橫切（crosscut）、修正曲線（fair curves）、切薄板（slice veneer），當然也能切割榫接。帶鋸機由一對裝在箱形框架中的垂直滑輪所組成。帶鋸機的感應馬達藉由 V 形皮帶驅動下方的滑輪，皮帶張力再帶動上方滑輪轉動。

環狀鋸刃

轉輪上套著橡膠輪箍，鋼製鋸刃再套在輪箍上運轉。鋸刃的右側被下拉，穿過水平台面的槽孔。台面下方有三個導件，一個在鋸刃後方，另外兩個從左右夾住鋸刃，讓鋸刃在運作時保持順暢。台面上方則有三個類似的導件，安裝在可調整高度的支柱上。

◀ 即使是大型的落地帶鋸機也只占工作室的一點點空間。

▶ 環狀鋸刃套在一組轉輪上，穿過台面的槽孔。

鋸齒

當作業型態改變或鋸齒變鈍時，就需要更換鋸刃。鋸刃在出貨時已經配合不同機械型號裁切成適當的長度，並且焊接成一圈。鋸齒左右交錯，鋸刃因而能鋸出更寬的鋸口而不會卡住。鋸齒的牙距（pitch，或稱間距）決定鋸齒切割動作的進給速度。鋸齒間距愈寬，進給速度愈快。

如果卡在材料中的鋸齒數量較少，切割時會產生振動，切口也比較粗糙。牙距 8 到 12 mm 的粗鋸刃（每英吋上有 2 到 3 個齒）最適用於二次鋸切；牙距小於 3 mm（每英吋有 10 個齒）的鋸刃則適用於薄木材。

跳齒刃（skip-tooth blade）每隔固定間距就減少一個鋸齒，空出的大凹槽不需靠粗齒就能帶走鋸屑。這樣的設計能在切割速度與精細度之間取得良好的平衡。

鋸刃寬度

狹窄的鋸刃能夠鋸出較彎的曲線，而較寬的鋸刃則適合平直、較深的切割。寬鋸刃較挺、較不易偏離軌道，所需的張力比窄鋸刃還大。

進行深度切割時，其中一個重點是要將鋸刃的張力調緊，但不要超過機器規格。

▶ 藉由旋轉把手或旋鈕來帶動滑輪以調整張力，並確認張力讀數。

導件

導件有滾珠培林式（roller bearing type）與摩擦式（friction type）兩種。滾珠培林的運行較順暢，但會將鋸屑推到鋸刃上，而不是拋開。冷卻用金屬塊或陶瓷材質的摩擦式導件構造簡單且耐用。在更換鋸刃時，記得也要同時調整導件。

◀ 導輪能滑順地轉動，提供穩固的支撐力以確保切割準確。

▶ 摩擦式導件需做微調，以避免鋸刃搖晃或卡住。

進刀速度

將木材慢慢送入鋸刃，讓切割聲聽起來平順且穩定。如果鋸刃往木材的邊緣偏移，而不是沿直線前進，可能就要調整導件。逐漸加快進刀速度，同時聽聲音和觀察，確保鋸刃運行平直順暢。

▲ 大部分的帶鋸機平台都可傾斜，以利斜角切割。

> ■ TIP
>
> 如果聲音聽起來太粗、太尖銳，或鋸刃偏移，應該立刻減輕進刀的壓力。如果還無法解決問題，可能就是鋸刃變鈍了。不要硬推木材而造成切面粗糙，應緩慢而確實進行切割，才能延長鋸刃的使用壽命。

動力工具

除了先前介紹的雕刻機，還有其他手持動力工具可用於製作榫接，包括通用的孔眼和槽孔，或是本書其他章節所介紹的特別榫接結構。

手持電鑽

無線的手持電鑽由於適合進行輕度作業，所以在木工領域已經大幅取代了有線電鑽。手持電鑽不只在低速下能產生大扭力（torque），適合在木材上鑽洞；也配有用於栓入螺釘的扭力限制離合器（torque-limiting clutch）。內建的電池通常使用鎳電極或鋰電極，後者壽命較長、電容量較大，也較輕量。

▶ 這是一把典型的多功能「複合式」電鑽，有兩段變速、可調整扭力；還可做錘擊動作，像是要將木作固定在牆上時，就可用來可進行臨時的石工作業。

柱式鑽床

柱式鑽床由一支垂直的鋼柱構成。支柱安裝在鑄鐵底座或腳架上，再栓緊固定於工作台或地板。鑄鐵平台夾在鋼柱中段，平台頂面打磨光滑。大型鑄件安裝在支柱的頂端，後方裝有一顆馬達，前方則安裝心軸機件。

馬達藉由皮帶與不同尺寸的滑輪連動，因此驅動心軸做機械式變速。夾頭藉由其尖錐造型的木端固定在心軸的底端。

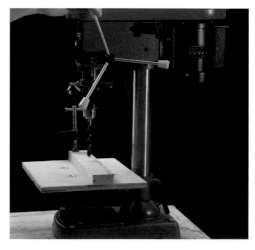

▶ 柱式鑽床的主軸（spindle）由內部的栓槽軸（splined shaft）驅動；栓槽軸則在一套稱為「主軸套筒（quill）」的培林（軸承）機構中上下滑動。

動力鋸

手提式圓鋸（circular saw）與線鋸（jigsaw）在製作精準榫接方面的用途有限；不過在前置作業中，可以有效將木板裁切成適當的尺寸。相較之下，桌上型的斜切鋸（mitre-saw）具有優秀的精準度。這種鋸子能夠幫助你輕鬆省事地用各種角度切割木材。斜切鋸的使用技巧在於精準設定鋸子、將木材夾好以免搖晃，才得以安全切割。

▶ 現今的桌上型斜切鋸會以這樣的 45 度角或其他角度進行切割，非常簡單。

餅乾榫

餅乾榫（biscuit joint）在第二次世界大戰後問世並投入工業領域，用來應付當時突如其來的大量平價家具需求。隨著時代演進，獨力作業的木匠也開始得以應用這項技術。

餅乾榫孔提供了一種快又整齊的解決方法，使得榫接不會承受太多應力。當你推動餅乾榫機（biscuit jointer）的機身時，鋸刃會從彈簧復位式擋板（spring-loaded guard）的開口中伸出。鋸刃呈小而厚的圓形，直徑為 4 英吋（100 mm）、厚 5/32 英吋（4 mm）。鋸齒像其他的動力鋸一樣粗，尖端為碳化鎢材質，能對付各種天然或人造材料。

在兩塊橡木的傾斜端面上挖出相互對齊的餅乾榫孔，就能結合成牢固的斜邊榫。

▼

◀ 餅乾榫機是手持的動力工具，外觀像角度砂輪機（angle grinder，編按：又稱角磨機），再附上巨大的方形對齊導軌及擋板。

操作時，不同於圓鋸沿著木材滑動，餅乾榫機則是擺放定位，讓鋸刃伸入木材中切出扇形的凹槽。稱為「餅乾片」（biscuit）的壓扁山毛櫸木片，其中半邊插入一個凹槽中，另一邊則以此類推。兩個凹槽對齊後就會咬住整塊餅乾片，形成雙頭榫接（double-sided joint）。餅乾榫機有不同的止動設定，能製作出不同尺寸的餅乾片。

餅乾榫機也有進一步的改良，包括自動下切凹槽（undercut）功能。此功能可讓鎖定扣件從側面滑入並且卡入凹槽中。

▲
餅乾榫機的鋸刃。

 TIP

餅乾榫機的鋸刃會製造出大量碎屑，導致機器堵塞。輕度作業時，裝上集塵袋這個方式相當管用。如果遇到要製作許多榫接的大工程時，可以改接上吸塵器的軟管來收集碎屑。

這台拉米諾 Lamello Zeta 餅乾榫機的自動切凹槽功能能讓高科技的鎖定零扣件卡入凹槽中。

接在餅乾榫機出口旁邊的吸塵器軟管能夠收集碎屑。
▼

木釘鑽孔機

雙孔木釘鑽孔機（duo doweller，編按：木釘又稱為圓木榫）是一種複雜的榫接工具，長得像餅乾榫機與壓入式雕刻機的結合體。它配備有電動馬達與變速箱，以及一副可調整位置與角度的定位擋板。前端有一對像雕刻機的銑刀，在高速轉動時發揮作用。兩支銑刀藉由齒輪連動而往同方向旋轉。銑刀旁有彈簧復位式的定位銷（locating pin），用來協助鑽孔機固定於另一個孔洞或木材邊緣。

操作時，首先要調整木釘鑽孔機的擋板，讓銑刀定位在木材側面的正中央。擋板上的定位標記對齊第一組孔洞位置的鉛筆記號。啟動馬達，將機器往前推，頂住彈簧復位式的活塞。

▲
與雕刻機銑刀類似的雙孔木釘鑽孔機銑刀。

雙孔木釘鑽孔機很像是餅乾榫機與雕刻機的結合體。

▼

標記工具

準確的榫接來自準確的標記,因此要仔細挑選標記工具並認真練習工具的應用。最重要的榫接工具包括鉛筆、標記刀、直角尺(try square)、自由角規(sliding bevel gauge)和劃線規(marking gauge)。

鉛筆與刀

鉛筆很適合在木材上粗略標出榫接的位置;或者標明部件,以免混淆。不過要榫接的其中半邊為樣板來標記的另一半邊時,只有刀刃才能達到所需的精準度。

一條鉛筆線最粗差不多是 1/16 英吋(1.5 mm),因此我們只能在這個寬度內判斷位置。如果榫接的兩邊都用鉛筆標記,最後可能會有一大段間隙,或是因為部位重疊而讓兩塊木材裂開。

準確的榫接來自準確的標記。

如果鋸切位置緊貼著刀刻的標記線,這條線就會成為新的邊緣。

市面上有一種只有單邊磨利的特殊標記刀,可以貼緊鐵尺或定規。你也可以用手術刀代替,因為它夠薄,不管哪一面都能緊貼著物體邊緣。刀刃斜面的寬度小到幾乎可以忽略,卻又能提供些微間隙,讓榫接不須彎力就能結合。

標記時不要逐一測繪榫接的線條,而應該以一邊為樣板,直接在另一邊做標記,結合的準度才會真的與標記線一致。如果鋸切位置緊貼著要切掉的一側,這條刀刻的標記線本身就會成為新的邊緣。持續練習這種作業方式,就能鍛鍊自己切割榫接的技巧,讓榫接一次就能精準接合。

直角尺

木工用的直角尺（try square）是將鐵尺用鉚釘結合在木製握把上，用來檢查木板的邊緣是否與正面形成直角，或在木板上劃出與邊緣垂直的線條。直角尺可能失準，導致切割線與榫接歪斜。你可以在確實磨平的直紋木板上測試。利用直角尺與刀子環繞木板的四個面標線。如果最後標線的頭尾能夠對上，就代表直角尺沒有問題。

木工用的直角尺可用來描繪精準的垂直線。

定規

舊款劃線規的構造，包括在其中一端伸出的針尖，以及一支可以旋轉到定位、與針尖保持固定距離的旋轉柄。針要短，而且尖端磨平，以免撕裂木材。現今的劃線規是以黃銅製成，末端有一個磨利的鋼質圓盤，使用起來比舊款木柄加上鋼銷的設計更為方便。新款的滑動較順暢、劃線較細緻，也能做較精密的調整。劃線規有時候也稱為割線規（cutting gauge）。

自由角規的作用是將某一部位的角度複製到另一部位。有些自由角規是利用一顆鎖定螺絲將鋼尺固定在柄上；有些款式則是靠摩擦力來固定。

◀ 現代的劃線規可用來標出一條與邊緣保持等距的線條。

▶ 自由角規可以自由複製各種角度。

木材種類

由於工程類型不同，CP值、重量或耐腐蝕能力都可能會是挑選木材時的重要考量。你選用的木材、結構方式與完成後的外觀，都將對你裁切的榫接有所影響。

硬木與軟木

硬木通常比軟木硬，但也有例外。根據正規的分類法，硬木來自橡木、白蠟樹或山毛櫸等闊葉樹；軟木則來自松樹或落葉松等針葉樹。一般來說，硬木的切口比較整齊精準，成品也比軟木製品美觀。

剛鋸下時，所有木材其實都不可思議地相像。胡桃木這種用於高級家具的木材具有利於加工的細緻紋理與亮澤表面。然而，在刨平之前，它看起來跟其他深色的木材一樣，多毛又粗糙。許多熱帶硬木都有排列整齊的木紋，切成木板後相當美觀，不過較難處理。

◀ 軟木來自針葉樹，例如這棵歐洲赤松。

▶ 硬木來自闊葉樹，例如這棵橡樹。

◀ 螺釘夾在兩片木板中間，用來顯示橡木（左）與高級松木（右）的硬度差異。

▶ 用鑿刀切削後發現，橡木（上）比較堅硬，但是切口比松木（下）美觀，因為松木會崩落成碎片，留下撕裂面。

選擇木材

橡木是長久以來廣受歡迎的材料。它的木紋粗，類似白蠟樹或榆樹。雖然木質堅韌，但也容易沿木紋裂開。硬木有大規模的商業性栽種。美國橡木生長在森林裡，為了爭奪日光而長得高聳筆直。相較之下，為了拓寬道路而砍伐的英國橡木可能是單棵生長，較矮且有許多低矮的分枝。後者製成的木材形狀可能饒富趣味，卻也因為浪費材料而較難商業化。懸鈴木、楓木或山毛櫸等原生木材因為不會汙染食物，因此常用來製作廚房用具。

> **TIP**
>
> 胡桃木等高級硬木的價錢是其他木材的數倍之多。不過對於小型作業來說，多花一點錢相對可以省下可觀的時間。仔細挑選木材，作業過程和成品都會令人更加滿意。

取得木材

木材的供應商包括 DIY 商場、專業木材商，或是偶爾會雇用鋸木業者來幫忙的樹木醫生。與大型供應商交易時，FSC（編按：森林監管委員會 Forest Stewardship Council 的縮寫。擁有 FSC 標章的木材來自於次森林或人工種植的森林，而非原始森林）是一項可靠的認證，能確保廠商是以負責任的方式來砍伐木材。

木材通常都以木板的形式販售。將樹幹鋸成片狀，再經過窯乾或風乾而成。這整個過程稱為製材（timber conversion），而為了增加其中的價值並降低商業風險，好的判斷能力是基本功夫。

一般來說，高級的原生木材要花不少力氣尋找。現在有了網路和照相手機，讓人省事許多。

▲ 移動式鋸木機（mobile sawmill）能將樹幹鋸成一系列的木板。

木材收縮

購入的木材通常都已經在窯裡乾燥過，含水量降至 10% 左右，適合室內作業使用。如果是風乾的木材，含水量會比較高。無論採用哪一種乾燥方式，後續都會將木材保存在潮濕的環境中，讓含水量再度上升，特別是接近木材表面的部位。因此，使用時務必再次確認含水量。

水分儲存

剛砍下來的木材飽含水分，乾燥後含水量會大幅下降。木匠必須防範這種所謂的木材收縮（wood movement）現象。樹幹的纖維就像一捆細小的管子，以樹汁的形式將水分由根部運往樹葉。樹的生長具有季節性，所以每年樹皮底下都會形成一圈新的纖維。這些舊纖維圈被後來長出來的新纖維圈覆蓋數年之後，就會停止輸送樹汁，轉變成心材（heartwood）。心材在天然的防腐作用下變硬，能提供了儲存空間與整棵樹的支撐力。

樹木倒下時，大部分的重量都來自儲存在纖維裡的水分。而當木材乾燥、含水量降到 30% 以下時（水的重量是乾木材重量的 30%），木材就會開始變形。纖維的切口好比水管的開口，所以乾得最快。當水分散失，纖維的直徑會收縮，不過長度只會有些許變化。

▶ **TIP**

木匠通常會把新木材擺在乾燥的工作室裡數週或數月，時間長短取決於木材厚度。這個步驟是為了讓木材的含水量保持穩定，才適用於室內作業，避免之後可能發生的問題。

預測收縮程度

要掌握木材變形的程度，可以從木材上切出一片薄薄的樣本，再將它切成條狀。木板的變化會跟下圖中這些薄片樣品相同。乾燥後，正中央的木材會保持筆直，相當於徑切（編按：又稱為四分切）的木材。其他樣本則會捲成弧形；離中心愈遠，捲曲愈嚴重。

不同部位的木材，乾燥速度也不同。樹幹外側的收縮幅度比中心大得多，長向則會幾乎不會收縮。

這三片木材在乾燥前的尺寸相同。從樹幹外圍橫切下來的右側樣本，收縮程度比從樹幹中心切下來的中間樣本更嚴重。沿著樹幹上縱切下來的左側樣本則幾乎沒有收縮。

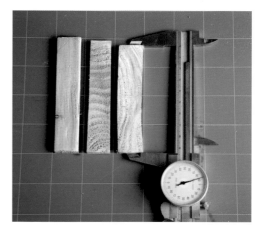

◀ 沿著圓木（log）中心切下的木材會保持筆直，其他部分則會捲曲。

邊接板

木匠會以邊接技術（edge-jointing）將一串木板並排接在一起，製作成實木鑲板（solid-wood panel）。如果木板以徑切法處理，木材即使寬度和厚度收縮，也能保持平整。大部分商業木材的端面都會露出彎曲的年輪。在木材乾燥的過程中，紋路也會跟著變直。

鑲板在邊接時，如果年輪的方向一致，乾燥時就會形成一道單向的曲線或彎曲的表面。傳統上，降低彎曲程度的辦法是將邊接板的年輪方向交錯排列。當木板乾燥時，年輪會伸直，使得平直的鑲板變成波浪起伏的造型。

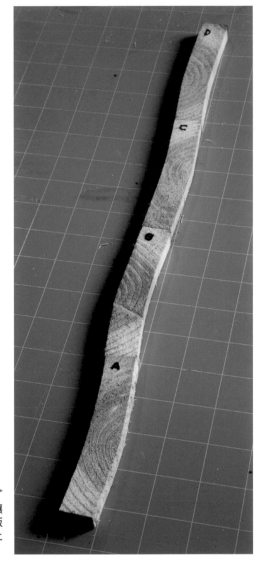

◀ 尚未乾燥的邊接板如果年輪方向一致，乾燥後就會形成弧面。

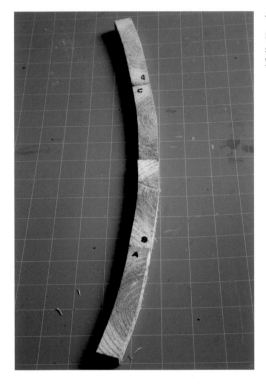

▶ 交錯的年輪方向會讓尚未乾燥的平直鑲板稍呈波浪狀，整體上相對水平。

框架型榫接的收縮

較窄的榫接不太會因為收縮而產生問題，較寬的榫接就有可能。木匠在進行較大型作業時，必須將這點列入考量。斜切榫特別容易受間隙影響。

如果你預期某個部位會因為木材收縮而出現明顯的擠壓，那就必須使用某些機械式滑動榫（mechanical sliding joint）。例如某些實木門板會卡在框架中，一來可以隔離收縮運動，二來容許門板的寬度做橫向伸縮。

榫孔與榫頭的收縮

榫孔（mortise）與榫頭（tenon）具有機械性強度，不過在膠合時，榫孔榫頭的長直紋面（long-grain face）之間並沒有夾合壓力。唯一的壓力來自於貼合的緊度，所以黏合的力道相對較弱。此時使用膠水的原因單純是為了避免榫接滑開。

傳統乾式接合（dry-fitted）的榫頭與榫孔利會用木栓（peg）接合。如果榫接較寬而需要裝上兩支木栓，木栓洞口就必須橫跨在榫頭之間，以容許收縮。

劇烈的收縮會導致榫頭與榫孔鬆脫而凸起，但並不容易讓榫接損壞。木材年輪的方向會決定木材收縮時，榫接只會在一側凸起，或者兩側一起凸起。

木材乾燥後，厚度收縮，所以榫頭凸出、榫孔也產生縫隙。由於榫頭與榫孔的年輪方向相同、收縮量也相同，因此橫向依舊密合。

▲

這副榫孔與榫頭是以未乾燥的橡木製作，彼此密合之後再刨平。

榫孔與榫頭的年輪同方向時，
乾燥後的情形如下。

▼

TIP

理想上，最好使用充分乾燥的木材，並讓成品保持乾燥。不過如果你已經知道榫接的含水量將有巨大變化，那就值得多花點時間考慮木紋方向與榫接種類。記得確認膨脹或收縮作用不會造成榫接脫落或部件開裂。你可以使用船用合板（marine ply）這類人造板材來製作大型的鑲板。

鳩尾榫的收縮

鳩尾榫以不會因為木材收縮而損壞聞名。鳩尾榫如果受到收縮的影響，厚度會減少，而且尾部和栓部會凸出表面，不過強度不會減弱。大型鳩尾榫的栓部厚度減少時，會使得尾部末端的周圍出現小縫隙。不過栓部依舊會緊緊固定在插槽根部。栓部的厚度也會減少，形狀會變得更低矮。栓部根部仍會固定在插槽中，因此榫接可以維持牢固。

◀
這副鳩尾榫是以未乾燥的橡木製作，完全密合之後，再刨平。

◀
乾燥後，尾部的厚度縮減，但形狀沒有變化。

榫接

哪一種榫接,用在什麼位置,並不見得有明確的規範。不過視木紋與榫接受力的方向,通常自然而然就會篩選出幾種比較適用的類型。例如,當你檢視老家具的結構時,會發現許多同類型的榫接做成了不同尺寸,以因應不同的木紋方向。有時候也會見到兩種榫接混合使用的情形,卻只以其中一種類型來稱呼。不論如何,在接下來的章節中,我們會盡可能地釐清榫接的各種類型。

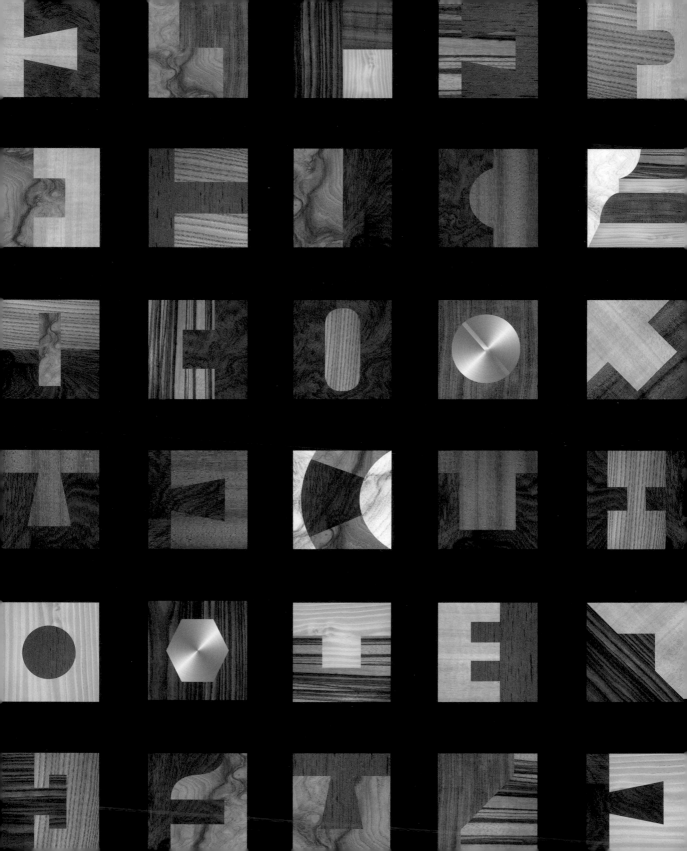

手工具製榫

半搭榫（halving joint）是一種特別的搭接榫（lapped joint），由兩塊木材垂直交叉接合而成。半搭榫特別適用於櫥櫃框架的製作。首先要確認兩塊木材平直且方正。接著將它們夾緊固定後，把四個面都刨平，直到出現長條的刨花，就表示表面已達平直。使用直角尺檢查各面和各個邊緣是否互相垂直。

 ## 半搭榫

直接標記

1

半搭榫的兩側切槽（cut-out）必須吻合另一塊木材的寬度。測量可能出現誤差，所以應該直接以另一塊木材做為樣板來進行標記。用一把細刀緊貼著木材兩側做小小的戳記。

2

接著要以榫的兩側定位標記點為基準，劃一條完整的線。用刀子對準標記，直角尺的鐵尺部位則抵住刀子。現在，一手將直角尺的柄（或把手）抵住木材的邊緣，另一手拿刀子沿著尺緣劃過。

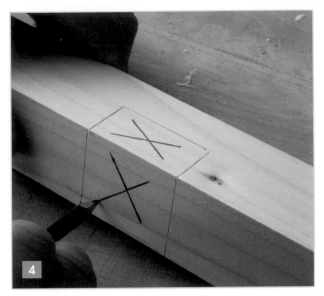

在木材表面標出榫接寬度後，將木材轉到側面標出榫接的深度。半搭榫名副其實的地方在於，其深度是整個木材的一半。這樣的設計使得讓榫接兩邊的強度得以保持最大。

逐一在木材的其中三面標出切口後，接著在要切除的廢料上，用鉛筆在每一面打叉。這個步驟看起來有點多餘，畢竟現在要切掉的部位很明確。不過養成這個好習慣，仍然有助於日後處理較複雜的榫接，或是數個榫接緊靠在一起的情形。

第一刀

在使用開榫鋸切割之前，先用你的拇指輕推鋸片，把鋸片調整到對準標記線的位置。鋸片切出的溝槽（slot），也就是所謂的鋸口（kerf），應該要貼住標記線的內側。拉鋸子的前幾次行程不要太用力，鋸齒才不會咬住木頭而顫動。

用三支手指和拇指環握住鋸子的把手，食指向前伸，讓鋸子保持一直線。

當插槽的兩側都已經鋸到榫肩線（shoulder line），下一步就是用鑿刀削掉廢料。使用木槌（wood mallet）來敲擊鑿刀的刀柄，因為木槌造成的損傷比鐵槌少，而且較好控制。雖然鑿得較慢，但每一次都會鑿得更深。

檢查密合情形

見真章的時刻來臨。其中一邊的插槽已經切削至榫肩線，再來就要檢查另一塊木材是否密合在此插槽內。理想上，兩塊木材用手緊壓在一起就應該確實結合。如果太緊，要用鉋刀削去第二塊木材的邊緣，不要冒著木材破裂的風險硬壓。

榫接的這一側與另一塊木材確實接合後，就能直接在第二塊木材上做標記。這時候一樣不要用工具測量，直接標記以避免誤差。不過這一次，環繞著榫接標記即可。

測試與最終密合

現在，榫接的兩半都已經鋸好也切削完畢，然後就可以用手把它們組裝起來、測試密合程度。這時候，先試著裝入一部分。如果卡住，木材可能在要準備膠合而必須分開的那一瞬間破損。你可能需要再次刨切側面來使其密合；但如果太鬆，你就得重新來過。在不得已的情況下，有些人會把削下來的木屑楔入榫接的縫隙中。

PVA 類型的黏膠最適合木工榫接作業使用。黃色或白色的膠都很好用，不過防水型黏膠通常黏著力較好、也更堅固，即使是在室內使用。用刷子將黏膠推開，底部多塗一點，側面少塗一點，否則密合時有可能溢出。

用夾鉗（clamp）施加強而平均的壓力，幫助緊固榫接。將軟木塊墊在榫接的兩側以分散夾固的壓力，也可避免在成品上面留下印子。

嚙接（bridle joint）是由一塊方形栓部（pin）卡進方形插槽（socket）而成，算是一種簡化的榫孔與榫頭。然而嚙接槽跟榫孔不同，前者的側邊是開放的，栓部也只有兩邊榫肩，和四邊都是榫肩的榫頭不同。密合良好的嚙接在膠合後會相當堅固。這裡使用棕色的橡木製作插槽，白色橡木製作栓部，以便在圖中清楚顯示嚙接的結構。

 # 嚙接

木材製備

把木材固定好後，將四面刨平，直到開始產生較長的刨花。因為這表示表面已經不再有凹陷。檢查每一面與每一道邊緣之間是否為直角。

榫肩線

1

在兩塊木材的長邊上，各自以另一塊木材的寬度為基礎，刻劃出缺口。

▌TIP

標記得精準，這條路就已經走對了一半。特殊標記刀的其中一邊是斜面刃，另一邊是平面刃，因此能緊貼住木材。不過我通常會使用精細的萬用刀，使用時讓刀稍微傾斜，斜面就能貼緊木材。

測試與最終密合

繞著木材劃出相連的四條線，以標記出栓部的榫肩位置。將刀尖置於缺口，再將直角尺沿著木材表面滑移，直到碰到刀子。這樣做能幫助你準確地擺好定規，幾乎不需要用眼睛看，就能夠刻出第一條榫肩線。

用相同的方式繞著木材劃出榫肩線。將刀尖置於第一條線的末端，然後劃過轉角，在木材側邊刻出切口。照之前的做法將直角尺滑過木材，直到碰到刀子為止。再用刀子抵著定規刻出第二條榫肩線。

檢查第四條榫肩線的末端是否剛好繞木材一圈，對齊到第一條榫肩線的起點。如果沒有對齊，可能是定規不準、標記不夠準確、或者沒有確實刨平。

頰線

相較於栓部的四面都要劃出榫肩線，插槽只要在側邊劃一條榫肩線即可。插槽表面的榫肩線位置僅做為兩側的象徵性標記。

栓部的外側表面與插槽的內側表面合稱為頰面（cheeks）。用劃線規標出頰面位置的線條，供栓部和插槽共用使用。頰面之間的距離是木材總寬度的 1/3 到 1/2。接著，挑選一支比這個寬度稍窄的鑿刀。

用劃線規在木材的兩側及末端標出頰線。仔細調整劃線規，劃下第二條頰線。將劃線規的握柄抵住木材的同一面，標記兩條頰線。用這種方法，就算木材厚度失準，也不會影響榫接完成後的密合度。

49

鋸切榫頰

8

把木材立起、夾住,開始進行頰面的縱切(rip sawn)、也就是沿著木紋鋸切。鋸痕,或稱為鋸口,必須抵住劃線規所劃出的線條正確位置。栓部的鋸口要落在線的外側,插槽的鋸口則落在線的內側。將你的頭保持在鋸子正上方,才能在拉鋸時同時看到鋸片兩側的情形。

9

前幾次拉鋸行程中,先將鋸子往前傾,先在木材的遠端劃出鋸口。再將鋸子恢復水平繼續鋸切,直到鋸口前後都剛好來到榫肩線的位置。

由內到外

10

鋸切榫頰時,栓部的鋸口要貼著線的外側,而插槽的鋸口則要貼著線的內側。如此一來,當兩者的端面相對時,鋸口不會對齊。但這也表示,褐色橡木插槽內側的榫頰會對齊白色橡木栓部外側的榫頰。

鋸切榫肩

11

要從栓部兩邊的榫肩去除廢料時,需要進行橫切(crosscut sawing)、也就是以垂直於木紋的方向鋸切。從榫肩線的廢料側進行鋸切,鋸子劃出的刻痕就會成為榫肩的外側界限。

12

你可以使用夾鉗來固定木材以便橫切,或者用圖中的手切鋸台(bench hook)。行程接近末端時,鋸子記得要保持水平。

鋸切插槽

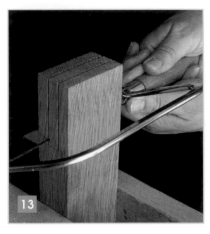

13

將插槽木材立起、夾緊,用鏤鋸或類似的弓鋸鋸掉廢料。前幾次拉鋸行程在通過轉角時,要小心旋轉鋸刃,以免扭斷。鋸到榫肩線上方約 1/8 英吋(3 mm)時先停下來。

14

將插槽木材平放在一片廢料上,以免傷到工作台。用木槌與鑿刀鑿掉插槽基底,在榫肩線內留下 1/16 英吋(1.5 mm)厚的木材。

15

最後,切除剩下的 1/16 英吋(1.5 mm)。為了讓最後的鑿切動作盡量淺薄,鑿刀應該保持垂直,才不會被迫歪到線外。

測試密合情形

16

現在可以試著組裝嚙接。良好的嚙接只需要用手推就能牢固結合。如果榫接太緊,插槽的分叉部位會往外張開;如果太鬆,黏膠就只會接觸到其中一面。在內側表面塗上薄薄一層黏膠,插槽內側的頰面稍微多塗一些,多出來的膠會在你合起榫接時被擠進榫內。膠合完成後,把榫接牢牢夾緊,並且將邊緣刨平,就大功告成了。

榫孔（mortise）與榫頭（tenon）所構成的榫接史，大概就跟木造家具的歷史一樣悠久。這個單元將帶領你一步步以可靠的方法運用手工具來製作榫接。

榫孔與榫頭

挑選鑿刀

好的榫鑿對手工製作榫孔的幫助很大。理想上，鑿刀要有粗壯且邊緣方正的中軸以及堅固的手柄，才能用槌子敲擊。如果手柄頂端有金屬環，就能用鐵鎚敲打，否則還是使用木槌為佳。

鑿刀的寬度會影響榫接的寬度，因此要挑選一把寬度約等於或略小於木材一半寬度的鑿刀，才會使得榫接兩半的強度相近。

榫肩線

將鑿刀置於木材中央。調整劃線規，使其對齊鑿刀的其中一側。用劃線規環繞榫頭的側邊與末端，以及榫孔的側邊，做好記號。調整劃線規、依序標出榫接的遠端及末端。記得每一次，握柄只能抵住木材的同一面。

這種榫接有時候也叫做盲榫或淺榫，因為榫孔插槽沒有完全貫穿木材。典型的插槽深度是木材厚度的 2/3，而榫頭最好比這個深度再短 1/16 英吋（1.5 mm），才不會撞上粗糙的榫孔底部。

用直角尺和刀子繞著榫頭標出四條相連的榫肩線。將刀尖置於線的末端，然後滑動直角尺抵住刀子，準備標記下一條線。

養成好習慣：在你開始切割前，先用鉛筆在所有廢料上打叉。如此一來即便你分心了，也不會失手切掉不該切的部位。這可是所有木匠生涯中都會犯的錯誤。

手工鋸切

在縱切榫頭的榫頰時，木材必須豎直、用虎鉗固定。用三隻手指加上拇指握住鋸柄，另一手的拇指抵住鋸片，就定位後開始鋸切。

要以橫切方式鋸出榫頭的榫肩時，通常會將木材固定在稱做手切鋸台的木板上。鋸台正面設有用來抵住木材的擋塊；背面同樣也有用來勾住工作台邊緣的擋塊。

手工鑿切榫孔

榫頭因為有四邊榫肩，寬度會比木材的全寬還要短。以榫頭做為樣板，在榫孔木材的長度上標出榫頭的寬度。榫孔的側邊插槽在一剛開始時已經連同榫頭的厚度一起標記了。

在定規劃出的線條之間用鑿刀密集地鑿切幾刀，切出榫孔。開始鑿切之前，要確認木材確實固定在穩固的工作台上。這能避免木材彈跳，讓鑿刀的動作更確實、也更安全。

當鑿刀接近榫孔的遠端時，反轉刀刃以切出整齊且垂直底部。接著再次反轉刀刃，挖或切出剩下的碎屑；重複此動作，將插槽挖深。

組合榫接

榫頭與榫孔密合後，榫肩線周圍應該沒有、或僅有些許的間隙。兩塊木材的表面應該盡可能齊平，不過也可以在膠合完成後再來刨平。

把榫孔的深度挖到大於榫頭長度約 1/16 英吋（1.5 mm）後，就可以測試榫接的密合情形。這種榫孔的切削方式需要耐心。值得一提的是，設定機械所需的時間，通常已經足以完成所有手工切削榫接的工作。

TIP

你必須多加練習，才能順利用手工切削出確實密合又緊固的榫頭與榫孔。在製作重要的部件之前，拿剩餘木料來複習一下很有幫助。作業前先確保木材所有的面與邊緣都夠方正，此外，直接以某個部件為樣板在其他部件上做標記也能夠提升準確度。

簡易的榫頭榫孔已經足夠應付許多木工作業。這種榫接也稱為盲榫（blind joint）或淺榫（stub joint），因為是由盲孔和較淺的木栓構成。當然，你也可以製作貫穿式榫孔榫頭（through mortise and tenon），讓榫頭穿過木材。這種多用途的榫接適用於棘手的作業。偶爾，也會以托肩固定榫頭，以免榫頭在榫孔中扭轉。

 # 鎖定式榫孔與榫頭

敲入的組合方式

1

2

楔子（wedge）或木拴都能幫助榫頭與榫孔結合。圖中的榫頭穿過一個大榫孔，榫頭上則有另一個小榫孔。小榫孔成錐狀，可以插入楔子以鎖定榫接。

這一道桌軌的榫頭中有一個小榫孔，裡面敲入一支可拔出的楔子，隨時保持桌腳撐緊。這類榫接不會膠合，之後還能拔除楔子，將桌子拆解以便搬運或儲藏。

插入楔子

3

圖中的榫頭末端有一對溝槽（鋸口），用來安裝楔子。在鋸出溝槽前，要先在榫頭上鑽出兩個洞，來挖出弧形的圓底，防止榫頭進一步開裂。

4

將薄薄的楔片敲進縫中，撐開榫頭的遠端。這使得榫頭發揮類似鳩尾榫的作用，而且不管黏膠是否失效，榫頭都不會脫落。木頭楔片的材質必須足夠堅硬，最好能比榫頭的質地還要硬。

5

黏膠塗好乾固後，把榫頭末端與插入的楔片刨除。為了齊平榫孔的遠端，把一小對條紋標在榫頭上。

緊榫楔

6

緊榫楔（fox wedge，編按：又稱暗楔）是個很聰明的點子：將榫頭插入榫孔中，同時也將楔片插入榫頭中。在這個剖開圖中，你可以看到在盲榫孔的底部，藏在榫頭裡的楔片把榫頭的末端給撐開。問題在於，你只有一次機會能密合榫接。仔細密合的緊榫楔不僅讓整個榫接顯得較不顯眼，也更堅不可摧。

木栓榫

樹釘（tree nail）或木栓是木匠最古老的緊固件（fastner）發明。木栓洞要稍微靠近榫肩線，這樣榫孔周圍的木材在隨著季節收縮時，才不會導致榫肩線出現間隙。

先在榫孔的側面鑽洞，再插入榫頭並標記好洞的位置。兩者的洞口不要直接對準，榫頭的洞要置中並稍微靠近榫肩線，藉此對榫接施加一些初張力（pre-tension）。

半加榫

半加榫（haunched tenon）用來製作框架和鑲板，目的是加寬榫接的頂部，防止橫框扭曲變形。承接鑲板的溝槽延伸至框架的榫孔中，再往榫孔的另一端開放出去。這樣的溝槽會以嵌槽鉋、刨木成型機或雕刻機來製作。

> **TIP**
>
> 木栓榫孔是一種歷久彌新的榫接方式，你可以在有歷史感的木構建築中看到。

10

托肩（haunch）會很剛好地卡在榫溝中，將榫槽填滿並隱藏起來。托肩的另一項功能是防止榫接發生扭曲，以及榫肩線邊緣沒對齊的情形。

隱藏式托肩

11

12

另一種比較少見的是隱藏式托肩（secret haunch）。榫頭上面有一塊三角形而非方形的托肩，從完成品的表面看不出來。這種榫頭是以鋸切成形；榫孔的邊緣則以銳利的鑿刀削出。隱藏式托肩有助於對齊榫肩，但也可以在沒有榫槽的情況下使用。

利用榫接來組合框架與鑲板，可說是製作實木家具最好的方式之一，能確保完成品堅固耐用、代代相傳。

鳩尾不見得很小巧。大型的單一鳩尾不但很有用，也是很好的練習對象。舉例來說，像這樣的榫接可以裝在工作台的轉角，因為此處的壓力有可能折斷較小型的榫。鳩尾部位可以視為有斜邊的榫頭。鳩尾末端較寬，愈接近榫肩線愈窄。在第二塊木材末端鋸出的插槽，會與第一塊木材的側邊吻合。兩塊木材垂直，插槽的兩側也同時具有栓部功能。

單一大型鳩尾

製作鳩尾的工具

1

你需要使用鳩尾鋸或開榫鋸來切削側面形狀，再用鏤鋸去除大塊廢料以製作插槽。鋼絲鋸或線鋸機也可行，但要小心操作。製作鳩尾榫時，一支好的鑿刀可以省下很多麻煩。好鑿刀的兩側為斜面，最重要的是，必須非常鋒利。你需要一支尖頭鉛筆和的薄刃筆刀（craft knife，編按：又稱工藝刀）來深入狹窄的角落。再加上一把直角尺和一把鋼尺，就湊齊製作鳩尾榫的工具了。

2

鳩尾榫是直角榫接，因此在製作前，你必須先確認木材的側面、表面與末端都互相垂直。這表示你也必須花時間使用銳利、經過仔細調整的鉋刀與直角尺來作業。

標記榫肩

3

利用直角尺和刀子標出榫肩線。將直角尺沿著做為插槽的木材表面滑動，定位好並標出尾部的榫肩線。抓住直角尺的尾端，用刀尖沿著鐵尺的邊緣劃過。

尾部的角度

4

5

接著劃另外三條榫肩線時,將刀尖置於上一條線的邊緣來協助尺的定位。在移動刀子刻劃木材前,先將直角尺滑移到刀子旁邊抵住。

一般認為鳩尾榫的側面角度如果使用軟木大約是 1:5;硬木則大約是 1:8。其實鳩尾榫相當堅固,只要外觀沒有問題,就不需要計較角度。你可以使用特製的鳩尾規(dovertail gauge),或者只用鉛筆和直尺來設定尾部的側面角度。

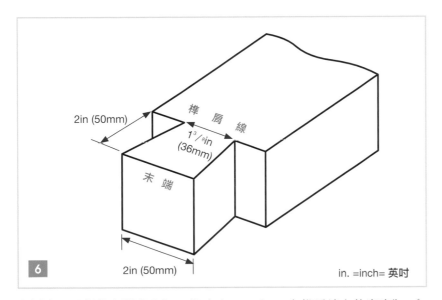

2in (50mm)

榫 肩 線

1^3/$_8$in (36mm)

末 端

6

2in (50mm)

in. =inch= 英吋

7

把鳩尾的側面標記線延長至木材末端面。重點在於這些線條務必相互垂直,才能確保榫接密合。

上圖中,尾部的末端寬度為 2 英吋(50 mm), 在榫肩線上的寬度為 1^3/$_8$ 英吋(36 mm)。榫肩線距離末端 2 英吋(50 mm),各面的側面角度約為 1:7(50 除以 7 略大於 7,所以兩側各退縮 7 mm,中間剩下 36 mm。

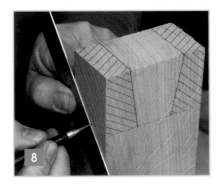

8

雖然不是必要,但在要切除的廢料上畫斜線,也是很好的辦法。

▓ TIP

用鉛筆在要切除的區域畫上斜線,這個好習慣可以避免切錯的風險,特別是當你想要快速製作複雜榫接的情況。

切割鳩尾的側面

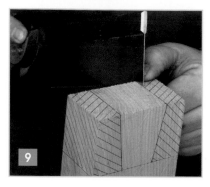

9

用虎鉗把木材夾住,位置愈低愈好,以防振動。切割鳩尾的側面時,鋸子要與木材表面保持在某個角度,你才能看清楚鋸齒是否都從兩條刀刻記號線的外側切下去。

10

用鋸子的前端開始鋸切,因為此處承接了絕大部分鋸齒的重量,而不會跳開。用拇指抵住鋸子側面做為引導,讓鋸子和鉛筆標記保持對齊。

11

當鋸痕(鋸口)已經很明顯時,就可以將鋸子恢復水平,讓鋸齒水平來回切割,再進一步水平下切到榫肩線。進行此處的切割時,請配合尾部兩側的角度讓鋸子傾斜作業。

標記插槽

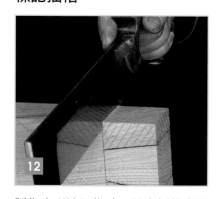

12

製作小型鳩尾榫時,最麻煩的步驟就是準確切出榫肩。將木材側緣立起並固定在虎鉗上,切除鳩尾側面的楔形廢料。延著榫肩線、從廢料側開始鋸切。

13

雖然鳩尾側面的準確角度和位置並不重要,不過當要把這個角度複製到第二塊木材上、進而切出相符的插槽時,細節就非常重要。像這樣的大型部件最好平放在工作台上,把兩塊木材靠緊,然後用尾部當樣板,標出相符的插槽。

14

用直角尺和刀子標出插槽的榫肩線。刻劃榫肩線時,將尾部豎直當做定規,再將直角尺往尾部滑動然後抵住。用刀尖沿著直角尺的邊緣劃過。

切削插槽

15

將尾部的側面標記線往直紋面延伸，來到榫肩線的位置。這些線條必須互相垂直，才能讓榫接密合。

16

保持好習慣，把要切掉的廢料用鉛筆畫上陰影。

17

將木材豎直、用虎鉗夾住低處，再沿著標記線的內側鋸下，切出插槽側面。這次你必須將鋸子對著木材表面稍微傾斜，這點在開始縱切時要特別注意。

18

用鏤鋸把插槽上的大塊楔形廢料鋸掉，鋸切行程要停止在刻線上方一小段距離。細薄的鋸刃一定會讓鋸口有些許扭曲，因此保持一點距離，才不會不小心超線。

19

將木材移開虎鉗，平放在一片平坦的廢板材上，以便用鑿刀將基部修平。站在鑿刀的側邊，這樣你才能確定鑿刀的底面垂直下切。首先，切削到離榫肩線 1/16 英吋（1.5 mm）的位置。

20

最後，沿著榫肩線鑿掉剩下的 1/16 英吋（1.5 mm）。用尺檢查插槽基部。它應該完全平坦，頂多稍微切削不足。任何的凸起都會讓它無法與尾部密合。尾部應該要能夠大力壓入插槽中並牢牢固定，但不可以硬敲。如果插槽對尾部來說太窄，也許就有必要用鑿刀來修整兩側。

本節將介紹在兩塊木板轉角之間製作一整排堅固鳩尾榫的方法。除了說明如何只運用最基本的工具和技術,同時還會破除一些關於製作鳩尾榫時,到底什麼重要、什麼不重要的迷思。儘管這不是什麼用來展示高超技巧的榫接,不過如果應用在盒子或薄邊抽屜中,可以密合良好,看起來也相當美觀。

成排的鳩尾榫

工具

只要有刀子、小鋸子和幾把鑿刀等基本工具,你就能標記、並且切出成排的鳩尾榫。再加上一把用來修整木材的鉋刀和檢查木材的尺,工具就齊全了。圖中示範的榫接是以胡桃木與松木製成。胡桃木只有約 3/8 英吋(10 mm)厚,而松木是軟木,因此兩塊木板都很方便切削,不必用到線鋸機才能切除廢料。

將兩塊木材刨成一致的寬度,確認各自的側邊與表面垂直。刨平板材邊緣時,用食指和拇指捏住鉋刀前端,然後用指甲引導鉋刀對準板緣的中線。厚度並不重要,只要木板厚度平均,不要造成寬邊變形就好。

使用直角尺檢查木材的末端是否與側邊和表面垂直。這雖然不會影響榫接的密合,不過一旦錯誤,就會做出歪斜的盒子或抽屜。我使用的直角尺是傳統的鐵尺包上木柄,不過可調整的金屬直角尺也很不錯。如果萬不得已,甚至能用塑膠製的三角板或利用一疊紙的邊角來確認。

標記榫肩

使用鑿刀標記榫肩線並不是傳統的做法，但其實很簡單，省得再去使用比較不順手又容易出錯的劃線規。只要將鑿刀稍微斜斜地平放在厚木板上，將薄木板豎直、抓住末端、用鑿刀的刀尖滑過。最重要的是確保你的手指有好好握住薄木板的邊緣，才不會不小心被鑿刀割傷。

重複上述標記榫肩線的步驟。這次要把鑿刀平放在要做成尾部的薄木板上，在要切成插槽的厚木板上進行標記，以密合尾部。由於末端插槽會延續到邊緣，因此標記第二塊木板時會橫跨木板的正面與兩側。

鋸切尾部

肩線榫標好之後，就該開始切割尾部了。用食指和拇指捏住木板來引導前幾次的拉鋸行程。

將鋸片傾斜 1：7，大約是 85 度角。確切的角度並不重要，因為尾部的形狀會一一複製到對應的插槽。

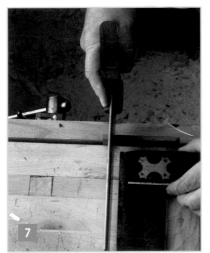

雖然我說過鋸子的位置與角度不重要，但我必須強調，當切割尾部的側面時，讓鋸片與木材表面保持垂直是很重要的。這能確保尾部與插槽密合、沒有空隙。

保持鋸子的傾斜角度，先將一整排尾部的同一側都先鋸完。再用相反的傾斜角度握住鋸子，逐一鋸切每個尾部的另外一側。

鑿切尾部

接下來要用較窄的鑿刀切出尾部與尾部之間的凹槽。鑿刀的理想寬度應該略小於間隙的寬度。站在側面觀察鑿刀，確保鑿刀的刀背垂直。在平整的表面進行作業，例如可以在下方墊一塊備用的木板或是密集板。不要直接在工作台上進行，否則它很快就會滿是坑洞而需要更換。

第一次鑿切要下刀在榫肩線內側約 1/16 英吋（1.5 mm）的位置。儘管鑿刀非常鋒利，用木槌施加的力道仍然會壓潰切口兩側的木材。

現在將鑿刀的刀鋒置於榫肩線的溝槽中。第二次鑿切要用最小的力道輕輕切下薄薄一層木屑，讓榫肩線留下乾淨方正的邊緣。

重複這兩個步驟，依序從外側往內切割，到木板中點後再換從另一側進行。接下來，只要將廢料往插槽內壓，就應該會鬆脫、從尾部之間掉落。如果廢料卡住，可以用刀背小心輕壓來協助。

樣板

現在以這排尾部為樣板，用來標出之後要嵌入的插槽。將尾部仔細對齊另一塊用虎鉗固定的木板末端，再用細刀刻劃出插槽的兩側線條。

鋸切插槽

劃好後,拿走尾榫,將插槽木板直立夾在虎鉗上。現在開始鋸切每一個插槽的兩側,以吻合尾部。把鋸子傾斜到跟標記線一樣的角度,讓齒尖正好對在線上,而鋸片的其他部分偏移到廢料側。

這個步驟比較麻煩的是必須在鋸切時確保鋸片垂直,這樣插槽的兩側才會筆直。正面的標記線並沒有多大幫助:如果鋸子不是垂直的,也就不可能對準線條。反之,只要鋸子垂直,也就不需要線條了。

榫接末端的榫肩要小心鋸切。它們是榫接成品中最顯眼的部分,重要性卻經常被低估。

鑿切插槽

進行最後的密合

承接尾部的插槽是尖錐造型。切削插槽較寬的一側時,選用的鑿刀愈寬愈好,但要能直直伸入栓部之間而不會劃出標記。此時鑿刀可以淺淺地鑿,不要太深,否則會切進栓部。像先前一樣,先切到線的前方,再切齊到線上。

用一支較窄的鑿刀,從木板另一側切除剩餘廢料。讓鑿刀往兩側稍微傾斜,抵住栓部的兩側切除廢料。

最後將榫接的兩半接起來,先壓入一半,檢查是否不需用力就能密合。理想上,剛鋸好的榫接應該要能直接密合。在你熟悉這些步驟之前,你可能還需要用鑿刀修整。假使如此也沒關係,只要保持耐心就好。

精巧的鳩尾榫看起來美觀，而且不可思議地實用。幾個世紀以來它被大量製作在使用率極高的家具上，就足以證明這一點。精巧鳩尾榫的栓部尖錐造型愈窄愈好；而實際上，尖端的窄度受到插槽的寬度限制，最多可縮減至一道鋸口的大小。有很多方法可以設置尾部。哪種方法其實都可以，因為那只跟外觀比較有關。為了清楚示範這種榫接，我用褐色橡木來做尾部、白色懸鈴木做栓部。

精巧的鳩尾榫

木材製備

如果要讓鳩尾榫密合，木材就必須平整、邊緣方正、厚度平均，末端還要切得筆直。

沿著木紋刨削木板表面，再將邊緣刨得方正。兩塊木板的厚度各自刨均勻，但不必然要相等。

鋸完之後，從不同方向將端面刨平。每一次刨削都要在到達遠端前的一小段距離處停下來。

標記尾部

貫穿鳩尾榫的部位說明

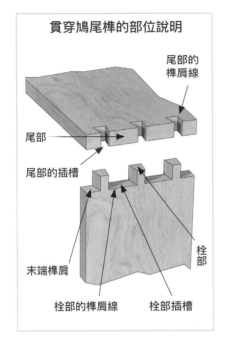

尾部的
榫肩線

尾部

尾部的插槽

末端榫肩

栓部的榫肩線　　栓部插槽

栓部

3

標出尾部的中心之後,從中心點向外劃斜線來標記尾部兩側。使用硬木時,尾部的側面斜度通常是1:8。現成的「鳩尾榫劃線規」能讓這項作業變輕鬆許多。

4

以榫肩線來標示尾部間的插槽基部。榫肩線到木板末端的距離要等於另一塊木板的厚度。因此,將劃線規調整成栓部木板(白色懸鈴木)的厚度。

切割尾部

5

用設定好的劃線規在尾榫木板(褐色橡木)上劃出榫肩線。栓部的榫肩線劃法跟尾榫的榫肩線相同,但這次劃線規要設定為尾榫木板(褐色橡木)的厚度。

6

用刀子和直角尺在端面刻出插槽的側緣。

7

用虎鉗夾住木材低處以防振動。榫肩線與工作台要保持足夠距離,才不會鋸到工作台。用不拿鋸子那隻手的食指跟拇指指甲導引鋸片,準備第一次鋸切行程。

把鋸子往左微傾，沿著每個插槽的刻線右側鋸下；同樣地，再把鋸子往右微傾，沿著每個插槽的刻線左側鋸下。

在鋸切細小的栓部時，使用同一道起始鋸口，將鋸子微傾以切出插槽的兩側。把尾部的右側通通鋸完後，再進行左側，這樣不僅能確保手腕的角度正確，也能幫助你專注讓鋸口落在線的廢料側。

鋸切末端榫肩時要夾住木材的側邊，鋸口落在刻線的廢料側。

標記栓部

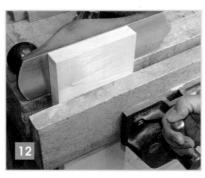

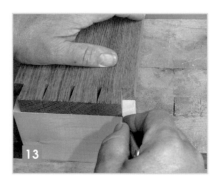

所有的尾部都鋸完之後，用鋼絲鋸、金工鋸或小型鏤鋸去除插槽中多餘的廢料，並以較窄的斜刃鑿修整到榫肩線。

將鉋刀側著放在虎鉗旁，將栓部板（懸鈴木）夾緊，上端與鉋刀齊平。現在將鉋刀拿走，把尾部木板（褐色橡木）放在栓部板上，讓尾榫對準栓部木板的端面。

把鉋刀拿走，將橡木尾部板平放在懸鈴木栓部板的端面上方。尾部的榫肩線必須直接壓在木板的垂直面上。把尾部當做樣板來標記栓部，這個步驟的精確度相當重要。

切割栓部

栓部標好之後，用虎鉗夾住懸鈴木板的低處，再於每條標線的廢料側鋸出垂直鋸口。這一次，鋸片要保持垂直，對準栓部標記線的方向，往左、右兩側偏斜鋸切。

用一個長方形的導塊抵住榫肩線，協助鑿刀在切削至榫肩線時保持垂直。切削尾部時，用來清除插槽基部的鑿刀愈寬愈好，要能夠穿過栓部的間隔。

密合榫接

為了幫助榫接結合，可以用銳利的鑿刀在尾部的內角製作倒角，讓栓部容易插進插槽。

> **TIP**
>
> 太鬆的榫接之間會有空隙而導致搖晃；太緊的榫接在密合時會有破損的風險。這兩種情況只有毫微之差。要達到高精準度，需要用精細的刀子標記，並將鋸子抵著刻線切割，讓刻線成為鋸口邊緣。

第一階段先用雙手密合，才能夠感覺到結合的緊度。黏膠只是用來避免鳩尾榫滑動或分離；相較之下，強度與牢固度則來自於榫接本身的機械強度。

在插槽內塗上黏膠之後，就能用夾鉗或木槌敲擊，將榫接壓合密實。趁著還有機會微調，將榫接平放在參考面上，檢查是否平直，看看是否有間隙或多餘黏膠從榫接內流出來。如果有必要，再用較小的鑿刀修整轉角。

黏膠乾固後，用阻擋鉋將榫接的每一面仔細鉋過，做一次全面的修整。鉋刀要傾斜，讓它滑過木材邊緣。絕對不要逆著邊緣刨削，否則木板可能會裂開。

用來連接抽屜正面和側面的互搭式鳩尾榫（lapped dovetail）通常稱做或半隱鳩尾榫（half-blind dovetail）。拉出抽屜時可以從側面看到它，關上抽屜時則完全被遮住。

 # 互搭式鳩尾榫

木材製備

想像一下製作抽屜的木板：包括用來做出在櫃子開口中來回滑動的側板，以及用來做抽屜的前板，上面會裝上把手。抽屜側板的末端會切出一排尾榫，前板的末端則有一排凹槽用來緊固尾部，還有一排栓部塞在兩者之間。

TIP

使用鳩尾榫的抽屜總會引起人們特別嚴格的檢視。他們會拉出抽屜、仔細檢查鳩尾榫，從榫接來判斷整件家具的品質，所以值得多花些時間製作。

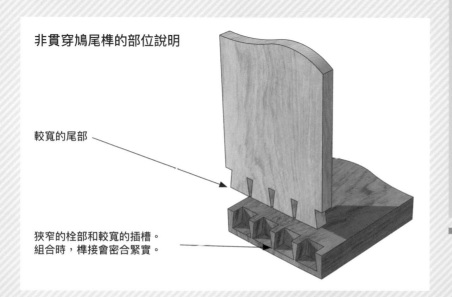

非貫穿鳩尾榫的部位說明

較寬的尾部

狹窄的栓部和較寬的插槽。組合時，榫接會密合緊實。

標記

木板必須仔細鉋出方正的邊緣,並且鋸成垂直的末端。家具工匠會將手工抽屜的側板鉋薄,大約是 1/2 英吋(12mm),以減輕重量和摩擦力。中型或大型抽屜的前板厚度最大可達側板的兩倍,以免因為來回拖拉而彎曲。這樣的厚度也能提供足夠的空間,製作更長、更堅固的鳩尾榫。

在切割非貫穿鳩尾榫之前,你必須決定尾部的長度,通常是抽屜前板厚度的 3/4。使用劃線規,在端面上劃一條線標記此厚度。另外,在前板的內側劃一條榫肩線來標記側板所對應到的木板厚度。

把劃線規固定好、保留同樣的設定,以此劃出橫跨側板末端的榫肩線。在木板的正反兩面與兩側都重複此步驟,讓榫肩線環繞木板一圈。

切割尾部

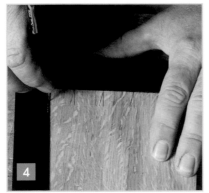

標記出橫跨在抽屜側板寬邊的兩側尾部邊線,深度到榫肩線為止。位置並不重要,你可以平均分配尾部,或像我的習慣一樣,往邊緣集中。尾部的側面角度並不重要,但在使用橡木時通常為 1:8;使用松木時角度較陡,約為 1:5。

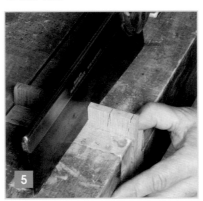

用虎鉗夾住木材低處,讓榫肩線略高於台面 1/4 英吋(6 mm),再向下鋸切至榫肩線。

將尾部的間隙做得細窄,好處是只要用銳利的鑿刀敲幾下就能去除廢料。把木板翻過來,從兩側敲,鑿刀穿過時木板才不會裂開。如果你決定讓尾部的間隙稍微寬一些,就先用鏤鋸切掉廢料,保留榫肩線上方的 1/16 英吋(1.5mm),再用鑿刀切除。

標記栓部

7 將每一道尾部的側邊鋸開，直到鋸齒幾乎要切到榫肩線為止。你可以在這放大圖中看到，尾部的頂部幾乎互相碰觸。這是傳統家具工匠偏好的方法；間隙做寬一點當然也不會妨礙榫接的作用。

8 抽屜側板切出一排尾部後，你必須把它們的形狀複製到前板的邊緣。把前板垂直夾在虎鉗或工作台上，如圖中的位置擺放。將尾部的末端對齊之前劃在前板末端的標記線（編按：參考步驟2）。以尾部為樣板，用細刀沿著尾部的周圍標記。

9 用一把短尺和刀子延伸插槽的標記線，一直劃到抽屜前板內側的榫肩線為止。

切割栓部

10 看起來也許有點古怪，不過如果把木板以45度角夾在虎鉗或工作台上，在標記插槽兩側的兩組線條時會方便許多。

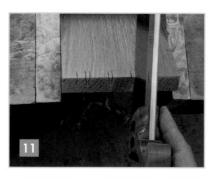

11 在同時鋸切左右兩條線時，鋸子要保持水平。目的是讓鋸子正好鋸在線上，確保鋸片永遠切在廢料側，尾部才能與插槽密合而不留下縫隙。不過這樣確實必須以奇怪的角度握住鋸子，當然只能鋸到插槽的一半，另一半仍然深埋在木板中。

12 將抽屜的前板夾在工作台上就定位，在末端鑿出插槽。操作時必須使用寬而鋒利的斜刃鑿。理想上，鑿刀最好跟插槽差不多寬，以便從兩側完整切除標記線以外的廢料。

一方面沿著榫肩線垂直下切，另一方面水平削去由表面算起往下約1/16英吋（1.5mm）厚的寬碎片。兩種切割動作交互進行。

一直重複上述動作，將每道插槽愈鑿愈深，直到插槽基部與抽屜前板的末端榫肩線平行為止。實務上，由於鑿刀較寬，角落總會留下一些未能清除的廢料，因此你必須用較窄的鑿刀清理乾淨。

現在，非貫穿鳩尾榫的兩塊木板準備好要測試接合了。兩塊木板必須緊密結合，卻又不能緊到讓木材裂開的程度。

在未結合的榫接上塗黏膠。PVA型黏膠比較理想，由於能夠保持彈性，在受力時不會裂開。即使製作的是室內家具，我還是會用黏性較佳的防水型黏膠。黏膠要用刷子塗在插槽中而不是栓部。如此在榫接密合時，黏膠才會被擠得更深。

當你用槌子敲實榫接時，用一塊寬而平坦的擋塊來分攤壓力。

為了符合抽屜的開口，抽屜本身要確實刨平。在刨削完成的榫接部位時要小心，由於木紋方向的關係，可能必須如圖中所示，從側邊往榫接的方向刨削。但與此同時，可能會破壞抽屜前板的轉角。為了避免這種情況發生，刨到榫接時請停下來並轉向，改用較小的切削動作來處理榫接的前緣。

機械製榫

這裡提到的餅乾片是指兩端呈弧形的市售山毛櫸薄木片。餅乾片會嵌入一組用餅乾榫機切出的對稱溝槽中。餅乾片有多種尺寸，對應的溝槽可以藉由調整餅乾榫機切割而成。餅乾榫機是一種專門的動力工具，在第 31 頁已有詳細的說明。餅乾片在製程中被壓扁，而之後黏膠所含的水分會使其膨脹。因此即使黏膠未乾，餅乾片仍會緊密固定在位置中，成為一道有效又可靠的榫接。

 ## 餅乾榫

木材製備

兩塊木材在藉由餅乾榫結合固定之前，必須先確保它們的側邊能夠完美密合，而這通常代表的是要以手工刨削方式來處理。一把長形手工鉋刀經過磨利與微調，可以削出不凹凸且連續的平直側邊。兩塊木材都刨好後，當你把其中一塊的側邊疊在另一塊的側邊上，所有刨削過程中不小心產生的斜度都會不見。

用鉛筆畫出橫跨榫接線的餅乾榫槽中心線，才能在兩側木板的表面清楚看見榫接的定位。用尺規來確認這條鉛筆線是否與榫接線垂直。溝槽的位置不要太接近木材末端，否則它可能會太凸出而在末端曝光。

邊緣到邊緣

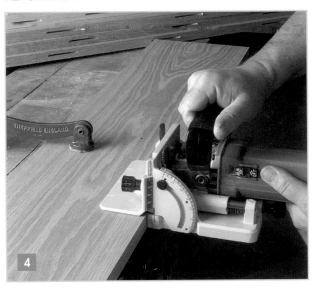

3 餅乾榫槽的寬度大約要達到木材厚度的一半，才能確保完成的榫接足夠堅固。為了因應不同厚度的木材，餅乾榫機內建了附有深度計（depth scale）的可調式擋板。舉例來說，針對 13/16 英吋（20 mm）厚的木板，擋板設定應為 13/32 英吋（10 mm）。

4 將預備切出溝槽的木材夾緊，讓它凸出工作台的桌緣。餅乾榫機擋板上的中心線，必須對齊剛剛在木材表面用鉛筆畫出的中心線。將擋板用力抵住木材對側邊，接著啟動馬達，再推動機器，使主體壓住內部的彈簧，直到頂住止動裝置為止。

5 將餅乾榫機對準第二塊木材的鉛筆標記，切出相對應的溝槽。將 PVA 黏膠塗在兩組溝槽的內部和周圍。在壓緊榫接的兩個部件之前，先插入餅乾片。

6 餅乾榫一定要用一組夾鉗用力壓緊，確保兩塊木材中間沒有間隙。這樣一來，密合的邊緣不僅更加堅固，完成後也較美觀。

深入端面內部的榫接

餅乾片除了連接兩塊木材的側邊，對於連接端面也相當好用。雖然在端面上膠的效果不好，不過插入的餅乾片能在端面的長直紋方向製造最大的接觸面積。

在使用粗口徑、假設厚度超過 1 英吋（25 mm）的大型木材時，可以並排插入兩個餅乾榫。這時候最好讓木材的其中一面固定朝上，在開鑿第二道溝槽時調整餅乾榫機的擋板設定。如此一來，溝槽才不會因為木材厚度的些微變化而偏離標記線。

重複的榫接

餅乾榫非常適用於多個相似榫接並排的情況。當你要接合細長木材的末端，要注意讓溝槽配合木材的寬度，否則可能產生肉眼難見的縫隙。舉例來說，這可能導致你必須將餅乾片從 20 號換成 10 號的大小。

餅乾榫機除了用起來方便快速，還很容易複製既成的設定，適合製作一系列重複的榫接，例如上圖中的橡木條板（slat）。

不同角度

圖中的鋸刃正以 45 度角切割橡木。像這樣鑿出斜切的
餅乾榫時,保護板會前傾 45 度,當成擋板使用。如果
要調整溝槽的位置,你可能需要在保護板下方插入一
片合板或是密集板這一類薄薄的材料,做為墊片。

用餅乾榫接合的框架

餅乾榫機很適合在需要製作大量榫接的時機使用,尤其
如果當中包含了許多相似的榫接類型,像是訂製家具的
框架或者廚房及浴室的門,更是如此。

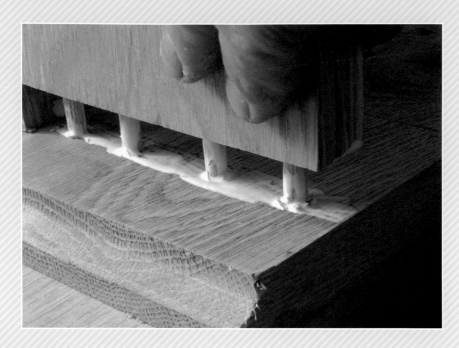

幾百年前,木匠老前輩們發明了所謂的樹釘。這是一種簡易的加強木釘,需以槌子敲進鑽孔洞中。現代銷釘系統(dowelling system)也奠基於此,但需要更精確的榫接對齊方式。市面上有各種不同精密度、不同價位的工具與模具有助於提升準度。請翻至第 33 頁,閱讀精密雙重木釘機的相關介紹。

木釘榫

圓木栓鑽入圓孔中

從這張榫接的剖開圖中,你可以看到木釘是以密實的直紋硬木(通常是山毛櫸)製成的圓柱體。木釘外圍的溝槽能讓黏膠流通,末端則經過倒角處理,以便鑽入洞中。請注意,鑽洞的深度剛好稍微高於木釘長邊的高度,以預留膠黏的空間。

堅固的木釘榫需要有乾淨的鑽孔配合。最準確的木工鑽頭(wood-boring drill)是左邊這支由美國人佛斯特納發明的圓穴型(Forstner type)鑽頭,不過它的價格較高、鑽速較慢。一般日常使用的木釘鑽頭是右邊的三尖型(lip and spur type)鑽頭。

簡易木釘榫

簡易的木釘榫組合可以從木材與 DIY 供應商那裡用低價買到。組合中包括一支附有深度止動環（depth stop collar）的三尖型鑽頭、一些山毛櫸木釘和一組金屬定位釘（dowel point）。當你鑽好第一排洞之後，就可以用定位釘標出完全與之對齊的第二排洞。

木釘榫可以用在各種位置。要做出直角榫接，必須把洞鑽在端面，不過很有可能不方便在這個位置準確地鑽洞。這代表的是，如果洞口的位置不必非常精準，最好先在端面上鑽洞。

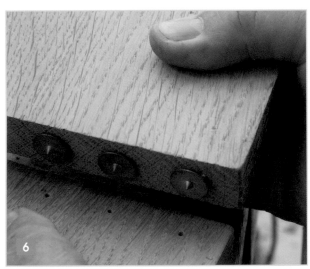

第一排洞鑽好後，將定位釘壓進洞裡。如果洞的尺寸正確，定位釘應該會有點鬆鬆的。如果洞口挖得太大，定位釘可能一不小心就掉進去。

定位釘在使用時，要先裝入鑽好的第一排洞內，翻過來對準另一塊榫木之後，再壓下、標記出第二排洞。

為木釘上膠

定位釘會留下一整排清楚的標記，做為第二排鑽孔的位置。三尖型鑽頭則以這些標記為中心進行鑽孔。

在插入木釘前，先在鑽孔中塗上 PVA 黏膠。黏膠的理想用量是要能填滿木釘下方的空間、並且擠進周圍的溝槽中，但又不能多到擠得到處都是。

在側邊使用木釘

木釘榫也可以代替餅乾榫，把兩塊長條板（plank）的側邊拼接成一片寬板。

TIP

對所有的邊接法（edge-jointing method）來說，將兩塊木板的相接邊緣一起刨削是很重要的一件事。刨完後，拿一盞燈放在後方檢查，確認連接處沒有縫隙、不會透光。

特殊的木釘

家具工匠通常會因為想自行選擇木材和決定尺寸而特製木釘。以圖中的木釘為例，它的半徑比較大，使用車床加工白蠟木製成。

圓形的特製木釘也可以利用稱做榫釘板（dowel plate）的鋼板來製作，只要將木釘槌入鋼板中的圓洞即可。在把木釘敲進圓洞之前，先用刀子把木釘削得比洞口稍大一些。

除此之外，還可以用木塞切刻器（plug cutter）來特製木釘。把銑刀裝在垂直的鑽床（drill press）或鑽台上，然後鑽入適當的木材端面。接著再將木材橫向鋸下，就可得到一組木釘。

好木釘與壞木釘

以輕負載的木工作業，像是壁爐的環圍來說，木釘榫就是很理想的接合方式。這些寬木板需要從好幾個位置進行接合，以避免木板因火焰熱度影響而繃開。

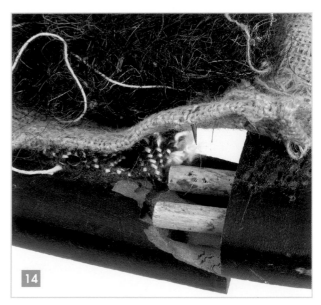

木釘用在重要位置時要特別小心。就以這把桃花心舊木椅為例，儘管木釘本身夠堅硬，但因為彼此太靠近，對周圍木材來說就像是連續鑽出了一條線，很容易在壓力下斷裂。

活榫頭（loose tenon）長久以來被家具工匠當做是一種多用途的接合方法，特別是家具的修復工作。Domino®系統這種手持榫接工具是 Festool（飛速妥）公司的專利，用來搭配該公司生產的活榫頭使用。Domino 系統發展出類似木釘、但是接合很深的榫接，在長直木紋方向提供了一塊較大的接觸面積以利接著，效用有如餅乾榫一樣。Domino 系統在某種程度上結合了其他幾種系統的優點。銑刀有數種尺寸可選擇，直徑由 3/16 到 3/8 英吋（5～10mm），切槽的寬度與深度也各有預設值可供調整。

 # Domino 木榫

榫接工具

1

當 Domino 木榫機插入木材後，它的旋轉銑刀會一方面高速振動，另一方面自動從其中一側移動到另一側。機器插入木材的動作很類似餅乾榫機或木釘榫機，不過 Domino 木榫機的掃除動作對於去除碎屑更為有效。

TIP

切割 Domino 木榫的動作會對工具產生強烈的反作用力，所以擋板必須用力抵住木材，以免振動。

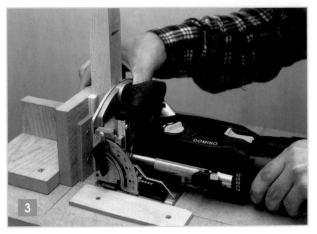

Domino 木榫機可以垂直插入木材，但是必須手動對齊標線。榫接的位置是由可調式擋板與一組位於銑刀兩側的彈力夾、或利用對齊標線來控制。

要重複鑿切多個切口時，Domino 木榫機的使用者通常會利用合板或密集板來製作對齊用的治具，可能是簡單的檔塊，或是經過微調的複雜治具。

Domino 木榫膠合

這是一張用在轉角榫接部位的 Domino 木榫剖開圖。Domino 榫孔跟其他榫孔一樣，會利用長頸瓶或刷子在孔中塗上黏膠。Domino 榫片由山毛櫸製成，上面有壓紋，吸收黏膠中的水分後會膨脹而封住縫隙。

這副橡木製的櫥櫃框架由多個 Domino 木榫組成。由於膠合後的 Domino 木榫有大片接觸面積，因此長直紋方向的接著很牢靠。不過只要能好好對齊。即使 Domino 榫片接觸的是端面，仍能提供有效的接合力。如果必須改用較小規格的 Domino 榫片，在木材上橫切出溝槽時要注意避免削弱了部件的強度。

三缺榫（slip joint）是一種寬而平的機械製榫接，很容易重複製作、運用在櫥櫃框架轉角這樣的小批量作業中。基本的幾何形狀跟囓接榫相同，都有一支與木材等寬的木栓嵌入邊緣開放的插槽當中。然而兩者的製作方式有很大差異。三缺榫寬而薄，有大片膠合區域。只要有帶鋸機的協助，再花點時間準備，就能做出好幾套一模一樣而且密合良好的三缺榫，一組只要花幾分鐘。只要第一組密合成功，接下來都沒問題。

三缺榫

木材製備

三缺榫主要運用在較低矮的框架轉角。框架使用的木材必須穩固，不會隨著含水量變化而扭轉或彎曲。本節示範將使用直紋的橡木。你可以用手工具或機械工具預先處理木材。如果使用電動鉋刀，最好再用手工鉋刀處理一次。順著木紋刨削，排除表面的微小凹凸情形。

將鋸好的木材平放在工作台上，末端用擋塊抵住。由木材的一端刨到另一端，一直到排屑口出現長條的寬刨花，就代表木材表面已經刨平。將木板翻過來刨削另外一面，直到達到適當且平均的厚度。圖中的橡木厚度大約刨到大約 3/4 英吋（18mm）。

將木材側面立起，用擋塊抵住固定。用手指和拇指捏住鉋刀前端，以指甲來導引鉋刀底面沿著木材的側邊直線前進。將木材翻到另一面，重複同樣的步驟直到側邊與正反面呈直角，且兩側互相平行為止。

標記

一台仔細調整過的帶鋸機用起來不但順手，也是準確作業時的必要工具。使用新的鋒利鋸刃，確認張力夠大但不要太緊。在機器電源切斷的狀況下捏住鋸刃搖晃，此時鋸刃應該達到約 1/4 英吋（6mm）搖晃幅度，而導輪不發出、或只發出些微的喀喀響聲。此外，鋸刃要能順暢地上下移動，沒有阻力。

檢查帶鋸機鋸刃的切割邊緣是否跟桌面垂直。較大的機型會有調整器，必要時可用來校正軌道的歪斜情形。較小的機型則必須事先調整妥當。導輪也一樣。

鋸刃由上到下的角度是固定的，不過桌面的角度可以藉由鬆開下方的固定夾來調整。桌面必須剛好與鋸刃垂直，即使這會讓桌面本身無法維持水平。

厚墊片與薄墊片

帶鋸機鋸刃的鋸齒左右交錯，因此鋸痕（鋸口）會比鋸刃稍寬，鋸刃不會卡住。你必須測量鋸齒的厚度，才能確認鋸口的寬度。或者你也可以在一塊廢料上鋸出一道較短的鋸痕，以此當做厚度規。

你需要製作一對薄墊片（shim），厚度跟使用帶鋸機切出的鋸口相同。墊片用廢料製成，在切割三缺榫時用來做為分隔片（spacer）。圖中，墊片的厚度是 1/16 英吋（1.5mm），此外還要割出一塊給墊片用的安裝板（mounting card）。這個厚度不需要量得很精準，當你試著製作三缺榫時，自然就會發現墊片要厚或是薄一點，好讓成品更緊或較鬆。

三缺榫的木栓具有跟榫頭榫孔接合中的榫頭同樣的功能。使用另外一對厚墊片來協助設定木栓的厚度和位置。木栓的厚度為木材厚度的 1/3。因此，厚墊片的厚度也要是木材厚度的 1/3。圖中，我使用 1/4 英吋（6mm）厚的密集板來搭配 3/4 英吋（18mm）厚的橡木。

標記與定位

9

三缺榫不像手工榫那樣地仰賴準確標記，反而只要一切設定妥當，大部分的對齊作業都能自動完成。當中唯一需要標記的只有榫接的深度。做法是把其中一塊木材的末端疊上另一塊的側邊，用鉛筆在後者的側面畫線。

10

把帶鋸機的擋板固定好，讓它與鋸刃之間距離一塊薄墊片加上木材的厚度。進行這樣的作業時，最好使用較堅固的自製擋板。

切割木栓

11

用一塊厚墊片抵住擋板，有助於定位木板、鋸切木栓的外側。慢慢將木板推進鋸刃，來到鉛筆標出的深度線。

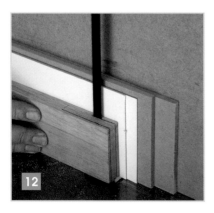

12

再用兩塊薄墊片加兩塊厚墊片抵住擋板，定位好木板後，開始鋸切木栓的內側。

13

接下來，用一塊薄墊片加一塊厚墊片抵住擋板，將另一塊木板定位好，鋸切插槽的外側。

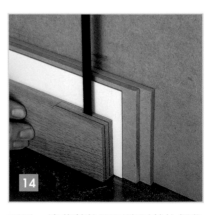

14

再用一塊薄墊片跟兩塊厚墊片抵住擋板，定位好木板後，鋸切插槽的內側。

TIP

上面的示範中，我們先切割了木栓，不過順序其實沒有關係。重點是必須在鬆開帶鋸機擋板之前完成栓片與插槽所有相對應的切割工作。

去除廢料

現在你有四道溝槽（鋸口）。它們的間隔經過仔細設定，因此其中一對的內側與另一對的外側得以吻合。

去除插槽中廢料的方法有好幾種。這裡將木材小心地提起來、變得傾斜，讓帶鋸機切下廢料，再慢慢切齊深度線。如果操作帶鋸機的經驗不足，最好先用鑽子去除廢料再送上帶鋸機，再以鑿刀修齊到邊線。

木栓兩側的廢料只要過一次帶鋸機就能鋸掉。在帶鋸機平台上利用滑動擋板來協助推動，但要特別小心不要鋸到薄栓片本身。上述步驟也可以改用開榫鋸來進行。

密合與膠合

現在榫接的兩半準備好要接合了。在插槽內側刷上黏膠，這樣在榫接密合時，多餘的黏膠就會被推進榫中，而不是擠出去。

將軟木塊夾在三缺榫兩側以分散夾固的壓力，等待黏膠乾燥。

> **TIP**
>
> 一開始，先用實驗的方式試做看看。要讓三缺榫完美密合的祕訣就在於這些墊片的厚度。確認好墊片後，將其好好保存，之後製作的三缺榫才能同樣密合。

帶鋸機製作的鳩尾榫不但整齊、能有效結合，而且幾乎跟手工鳩尾榫一樣精準。只要你做好幾件簡單的治具，用帶鋸機製作鳩尾榫就會比手工省下許多時間。特別是要製作大量相似的榫接時，會更省時省力。先用廢料試做幾次來測試密合度。

 # 帶鋸機製作的鳩尾榫

標記

1

2

3

首先標出鳩尾兩側的位置。將要接合的兩塊木板末端相接，用鉛筆在兩塊木板中間畫過，在兩側的相對位置做上記號。這些成對線條正好對應著鳩尾間的插槽，到時候栓部會插入插槽中。不需特地標出角度，帶鋸機的技術能解決這個問題。

設定好劃線規並夾緊握柄，這樣刀刃的位置才會剛好等於一塊木板的厚度。

用劃線規在兩塊木板的末端標出榫肩線。這裡用的兩塊木板厚度不同，在較厚的橡木板上畫一條榫肩線，到末端的距離正好等於較薄的懸鈴木板厚度。較薄的木板上也標好一條較長的榫肩線，到末端的距離正好等於橡木板的厚度。

第一件要做的治具是一支角度切割成 1：8 的邊楔（side wedge）。意思是，貼住直角的長面（圖中木塊朝上的一面）是短邊的 8 倍長。這支邊楔將用來決定鳩尾完成品的側邊角度。1：8 是製作優良的硬木鳩尾榫時公認最適當的角度。

邊楔的其中一道長面必須提供高摩擦力，而另一個長面則提供低摩擦力。這樣在將邊楔貼住帶鋸機的擋板滑動時，才不會在木板上滑動。要製作具備高摩擦力的塊面很簡單，只要在某一道長面貼一張粗度中等的砂紙即可。另一道長面打上蠟，並磨去表面的所有凸起處。

切割尾部

將帶鋸台的擋板擺在鋸刃左邊。把邊楔的光滑面貼在擋板上；要切出鳩尾的木板則抵著楔子的高摩擦力砂紙面。如此一來能夠確保當木板向鋸刃推進時，木板會隨著邊楔一起移動，直到鋸口剛好到達標記的榫肩線位置。

照著其中一組鉛筆標記，開始鋸切所有尾部的其中一邊。接著把邊楔轉過來，一樣讓低摩擦面抵住帶鋸機的擋板。再照著第二組鉛筆標記線來鋸切尾部的另一邊。

鋸開尾部跟尾部中間的插槽，帶鋸機讓這個步驟的操作變得輕鬆。帶鋸機能在每個插槽的中央切出鋸口，再一點一點地除掉部分廢料。

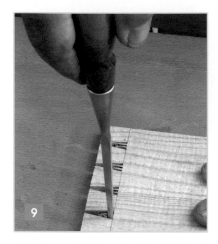

9

現在用一支鋒利的斜刃鑿來清除榫肩線以外的剩餘插槽廢料。以這種榫來說,手的力道就足以把鑿刀下推到榫肩線。不過處理較大的榫時,你可能會需要槌子的協助。

10

第二件治具是平台楔。這是一張用木板製成的板楔,經過鋸子與鉋刀的切削,由一端往另一端傾斜。平台楔的傾斜角度跟邊楔相同,直角的長邊和短邊比例也是1:8。平台楔的薄側黏了一道木條,把平台楔放在帶鋸台上使用時,就成了傾斜的擋條。

11

每一台帶鋸機的設計都不同,特別是擋板及擋板導件的配置。圖中是一台相對較舊且簡易的型號,因此我們將一片合板條夾在機台的進給側當做導件,讓平台楔能夠抵住移動。為了導引平台楔,你可能要額外在自己的帶鋸機上做一些改造,或者因應需求來調整擋板本身。

12

把平台楔放在帶鋸台上、後端抵住合板條時,鋸刃與平台楔相距約 1/8 英吋(3 mm)。

TIP

木材通常都平放在帶鋸台上,不過這次木材會從台面上的平台楔邊緣伸出。重點在於不能伸得太長,因為木材在承受鋸切的力道時,下方必須有牢固的支撐。如果兩者的間隔太長,鋸刃可能會攪住木材而發生意外。

13

把木板放在平台楔上、沿著平台楔的邊緣擋條,往鋸刃方向推動木板,鋸出栓部的側邊。每次鋸切時都要左右移動平台,讓鋸刃對準鉛筆標記。

14

將平台楔轉向、再用它來切割栓部的另一側。鋸刃同樣要仔細對齊相對應的第二組鉛筆標線。

15

兩側的末端榫肩也是以帶鋸機切割。這一次，將木材平放在帶鋸機台面、與鋸刃垂直，利用滑動擋板來引導。

16

栓部之間的插槽間隔比鳩尾的間隔寬，因此先把栓部間的廢料切開，再用鑿刀切掉廢料時會更輕鬆。

17

現在你可以看到五支栓部的輪廓，它們之間的許多鋸痕都是為了能一次一點地去除廢料。

18

用鑿刀鑿掉栓部間的廢料。此時刀刃要夠寬，能去除大部分的廢料，又不會切到栓部的兩側。

19

接下來就是結合榫接的兩半，見真章的時刻。理想上，榫接要能在鋸切後好好密合，不過如果第一次做不到，也別灰心。仔細檢查手上的試作品，這是微調設定的好機會。經過耐心調整，之後製作的榫接都能完美密合。

在長年的家具製作生涯中,我在工房裡收集了許多木頭儲物箱。有些用來放工具、有些是老雪茄盒,還有些是過去為了某些需要而製作的私人物品。雖然這些都是些輕薄的木製品,不過經過這麼長的時光還能保持完整,祕訣就在於轉角位置使用了箱用梳齒榫。

箱用梳齒榫

指接榫

箱用榫(box joint)也叫梳齒榫(comb joint)或指接榫(finger joint)。這種榫的兩端也許會像人的雙手一樣有同樣數量的榫指,或在某一邊短少一支。第二種類型的好處在於兩組榫指能夠互相對稱。請詳見下面這幾頁的範例。

多層銑刀

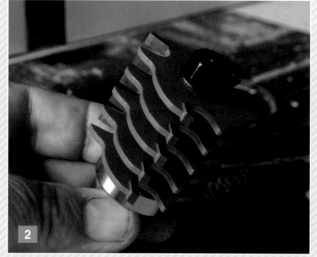

這種特別的銑刀擁有一整排刀刃,專門用來製作梳齒榫。有些是一體成形,有些則由一套刀刃與間隔片組成;下方通常還夾有導引培林(軸承)以限制深度。有培林的型號用於邊接(edge joint),而不是這裡要示範的端接(end joint)作業。每片刀鋒的寬度正好符合榫邊緣的間隔,而使得榫指與插槽能夠密合。

大型銑刀必須牢牢安裝在大型的雕刻機上，再固定於銑削台或單軸刨木成型機，切勿使用手持雕刻機。如果將多層銑刀（stacked cutter）的刀刃角度錯開、讓它們不要同時接觸木材，用起來會更順暢，不僅能減少振動，也能降低攫取或回彈的發生機率。

在夾頭上安裝好多層銑刀之後，把擋板打開並滑過台面、局部遮住銑刀。微調擋板的位置後再夾緊，讓銑刀露出剛好能切過木材的程度。

你可以利用一次走刀切出箱用榫的狹窄型榫指；或如上圖，使用比銑刀高兩倍的木板，走刀兩次。雕刻機的高度必須調整，最底層刀鋒的底邊才能對齊木材的底邊。

銑削時，木材工件必須拿穩、與擋板跟台面保持垂直，再貼著擋板往銑刀滑移。圖中的雕刻機台面裝有滑動擋板，很適合用於這類工作。如果你的機台上沒有滑動的輔助擋板，也可以改用大型木塊或堅固的盒子來代替，貼著固定擋板，在其垂直方向一起支撐著木材滑動。

雕刻機的銑刀切過像這樣的端面時，一定會在較遠側造成某種程度的撕裂，因此要用另一塊廢料緊貼在切割工件的背面。

■ TIP

木板背側的開裂（spelch）情形是使用大直徑雕刻機的常見問題。儘鋒利的新刀片有助於減輕這個狀況。然而，切割的壓力還是會導致纖維在切斷之前就被扯開。解決辦法是在要切削成形的木材背後墊一塊消耗用的木材，這麼一來承受撕裂的就會是廢料，而不是木材工件本身。

將木材反過來，預備切割另一半榫指。兩個方向拿取的高度要一致，榫指的間隔才會一樣。讓銑刀深入一個切好的插槽中，比對看看高度是否吻合，藉此來調整銑刀高度。

第二次設定

按照之前的方法進行銑刀的第二次走刀，一整排榫指切好後，左右兩側均為開放插槽。如果你是為了製作盒子而做這一套榫接，那在調整高度前，先把所有相對應的榫指全部切割完成，才是合理的工序。

第一塊木板切好後，以它為標準來調整銑刀高度，預備接下來切割構成榫接另一半的第二塊木材。將銑刀抬高，讓刀鋒位置對準已完成的榫指。

再次啟動雕刻機。將第二塊木材抵住滑動擋板與雕刻機擋板,往銑刀推進。

像之前一樣,把高度是兩倍銑刀寬度的木材反過來拿好,切出榫指的下半側。將銑刀抬起相當於一根榫指的寬度,然後讓刀鋒深入一個切好的插槽中,以微調高度。

第四次、也是最後一次走刀,要切割的是第二塊榫接板的下半側。第二塊木板的兩端都有榫指,對應著第一片木板的兩端插槽。

將榫的兩半接在一起、完成接合。製作榫接時,不管你有沒有經驗,都很建議先拿廢料來練習。

榫指要做得比木板的深度稍長,這樣只需要將多出來的部分鉋除,就能形成平滑的表面。務必要刨削到榫接的表面,避免撕裂。

露面榫（scarf joint）有多種不同的形式，用來結合木材的末端。這裡示範的是雙榫頭（double tenoned）類型，中間利用楔子鎖定，不需要黏膠。傳統上，這種榫是以鋸子和鑿刀製作，不過這裡我們改用雕刻機來進行。

露面榫

木材製備

1

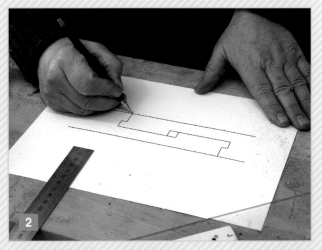

2

正常來說，你會接合的通常是兩塊品種相近的木材。為了讓照片看起來更清楚，這個示範使用的是兩種不同的硬木。只要接合位置附近沒有樹節（knot），軟木製的露面榫其實也一樣有效。兩塊木材的剖面大小相同，圖中，面積正好是 2 英吋（50mm）見方。剖面只要是長方形，木材夠厚、能夠做出榫接就可行。

露面榫要切割成同樣的兩個部分，其中一塊翻轉過來跟另一塊互鎖。榫的組成包含末端的榫頭、一道淺插槽，以及較深的溝槽，槽中切出榫孔。所有的切面都是筆直的，因此比鳩尾榫等類型容易製作。但事實上製作起來還是有點難度、讓人感到困惑。在紙上先畫出露面榫的等比例圖，有助於理解它那不太尋常的構造方法。

標記尾部

專為雕刻機銑削作業設計的槽口型銑刀（rebate cutter）很適合用來製作露面榫。圖中的銑刀直徑為 1-1/4 英吋（32mm），刀刃切深量為 1/4 英吋（6mm），能夠切出一個既平底又有垂直邊緣的缺口。槽口銑刀甚至能再進一步下切 3/16 英吋（5mm）深，很適合在露面榫的兩端切出要做為榫孔的方形溝槽。

TIP

製作露面榫時，也很適合以手工具如鑿刀和夾背鋸來打造榫孔，特別是當木材不是太厚的情況。用同樣的方法標記後，把榫夾緊、抵住一塊方形木塊，木塊對齊標記。如此既能導引鑿刀的刀背，也避免榫在此時滑動。

用劃線規在木材的兩側各劃一條線、深度必須相同。圖中，兩側深度各為13/16英吋（20mm），兩條線的中間部位深度是13/32英吋（10mm）。這樣的尺寸讓榫接完成品的每一側都具備足夠厚度。中間厚度13/32英吋（10mm）對兩端的榫頭及中央的楔子來說也已經足夠。

設定

在榫的長度上標出五個記號點，然後用尺，從記號點拉線到木材的側邊。這些與榫肩線對應的線條，經過切割後會保留下來。榫的兩半互相對稱，因此只要把其中一半轉過來，就會跟另外一半吻合。

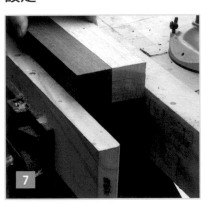

線條中間待切除的部位用鉛筆畫上陰影。這不是絕對必要，不過能幫助你預見榫的組成方式，所以建議第一次製榫時先跟著做。

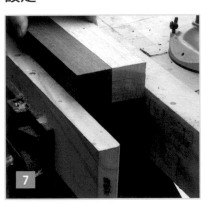

用雕刻機切割露面榫，言下之意就是兩塊木材可以同時成形，不但節省時間，還能確保形狀一致。對齊兩塊木材的末端和側邊，一併以較寬的虎鉗或工作台夾緊。

導框

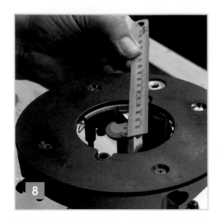

8　切斷雕刻機的電源,將銑刀安裝在筒夾(collet)中。然後讓機器的底座朝上,測量底面。你必須精準量測每一道切割邊緣與雕刻機底座之間的偏移距離。

9　這個導框(guide square)是用兩塊筆直的密集板、以螺釘和黏膠固定而成。建議你花個幾分鐘時間來製作這件簡單有用的小型治具。

10　導框的其中一臂抵在兩塊木材的側邊;另一支臂協助木材兩兩對齊,再一併以虎鉗夾緊。運用之前量出的偏移距離找出每次切割時要固定導框的位置。

刻出較深的插槽

刻出末端榫孔

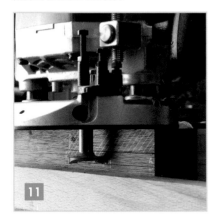

11　接著,設定雕刻機上的深度固定器。不要接上雕刻機的電源,將雕刻機向下壓,讓銑刀的底緣正好對齊之前用劃線規畫在木材側面的下緣線。啟動雕刻機,用一般方式切除較深的主插槽廢料,並隨著每次走刀逐漸切深。

12　當導框後退、移動到新的位置,雕刻機也會完全深入基底,在榫孔的下半部開槽。

13　鎖定壓入的高度,讓銑刀的上緣對齊劃線規標出的上緣線,用一次走刀切出榫孔的上半部。雕刻機在中等高度的位置可能需要多走刀幾次,視銑刀和榫接的尺寸而定。

密合楔子

將木材翻轉過來,用雕刻機做最後一次削切。在木材邊緣切出狹窄的嵌槽,形成末端榫頭的榫肩。操作時,要特別注意讓雕刻機底座的一側平穩地架在木材表面;否則機器可能會搖晃,導致切出起伏的邊緣。

用帶鋸機切去最後一塊厚度較薄的廢料,操作起來會比較輕鬆而且安全。或者也可以使用雕刻機,但由於原本的表面已經被切去大半,你可能要放更多支撐物才能撐住雕刻機的底座。

所有切割都完成了。現在可以測試榫的接合。不要用蠻力組合,如果太緊,用榫肩鉋或鑿刀稍微切去凸出部位。

把兩端的榫頭都插進榫孔並且推到榫的中央,就會出現一個長方形的洞。準備一根硬木,其厚度與洞的寬度相同,另兩個尺度(編按:指硬木塊的長度與寬度)則比洞稍大。

將這一小塊硬木沿著對角線切開,變成兩塊三角形的楔子。就算榫本身是軟木材質,楔子仍要使用硬木,才不會被壓扁或卡住。

從洞的兩端分別插入楔子,把榫緊緊鎖定。你可以用槌子敲擊楔子,不過用強力夾鉗擠壓楔子會比較好控制。最後,鋸掉楔子的末端、把楔子鉋平,與榫的側面齊平。

櫥櫃鑲板門框的垂直部位稱做門梃（stile），水平部位稱做冒頭（rail）。以其命名的，則是一種在銑削台上製作的特別榫接，稱做門框榫（stile and rail joint）。由於門框的傳統做法是在門梃的側邊輪廓上面描線，再雕刻出相符的冒頭末端，因此稱做雕繪榫（scribed joint）。

 # 雕繪榫

門框榫合刀

門框榫合刀（stile and rail cutter）有許多款式，不過通常都會有兩個一組的特殊造型銑刀和一個導引軸承，全部用螺栓固定在一支軸上。這些零件可以拆卸下來，再以不同的順序裝回去，以便銑削榫的第二部分，如右頁的步驟 4 所示。

每條門梃與冒頭的內緣都有一道溝槽可夾住門板。這道溝槽是以銑刀的上層刀片切成。框架內側，環繞鑲板的雙彎曲線裝飾邊是以銑刀的下層刀片切成。

銑削好每扇門片上的兩條門梃和兩條冒頭的邊緣後,將門框榫合刀組的頂端螺帽卸下、拆開刀片。這樣銑刀就能拔起來調換順序。不過,重點是不能將銑刀裝反,刀鋒才能以同樣的方向旋轉。

現在將同一支銑刀以不同的順序重新組合,切出水平冒頭的末端,嵌入邊框。軸頂的雙彎曲線銑刀(ogee cutter)切割出對稱的造型。現在,由於木材正面向上,雙彎曲線造型的冒頭末端會對上邊框的內緣曲線。中央的導引軸承則在寬而短的榫頭邊緣滾動。底部的直線銑刀在榫頭的背部切出榫肩。

TIP

門框榫合刀組很適合用在成批量產的作業,像是製作廚房櫥櫃的門組。雖然這種榫的榫孔與榫頭較小,不過,黏合良好的縱剖面具有強度,讓框架意外堅固。

榫的兩半完美結合,留下嵌合門板的溝槽,以及內側造型邊條(moulding)交會處的斜切外觀。

對業餘使用者來說，雕刻機製榫時所需的治具可能相當昂貴。如果你已經擁有一部雕刻機和簡易的直形鑽頭，治具就不費什麼成本。切剩的木料正好可以做成雕刻機的導引擋板。除此之外，你還需要一具木工用的虎鉗或工作台，以及一些夾具。

在沒有治具的情形下切削榫孔

木材製備

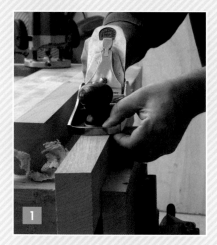

1	2	3
挑選厚度相同的木板來製作榫接，完成品的表面才不會出現高低落差。用尺和定規檢查邊緣和表面，並且仔細刨平。	挑選直線造型的鑽頭來製作榫孔，半徑最好接近木板厚度的 1/3，以便切出完整寬度的榫孔。	用一把鐵尺測量雕刻機底座最寬的部位，得到直徑的數字。除以 2 之後得到半徑，也就是雕刻機銑刀中心與其導引邊緣的距離。

定位榫孔

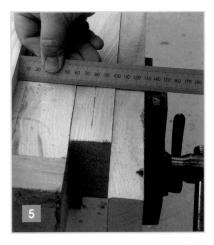

找一塊筆直的木板做為導引雕刻機底座的擋板或直尺。將木板夾在工作台上,在虎鉗旁,與其鉗口平行。

把要製作榫孔的木材夾在虎鉗低處,使其頂邊對齊工作台面。仔細測量,標出木材側邊的中間線。轉鬆夾住擋板的夾具,將擋板重新定位,讓擋板外緣到木材中間線的距離正好等於雕刻機的半徑。

將切割鑽頭安裝在雕刻機的夾頭上,然後調整限深環,讓限深環壓到底時,鑽頭的伸出長度正好等於榫孔插槽深度。這裡設定的深度是 1-3/16 英吋(30mm)。

切割榫孔

標出榫孔的長度。將雕刻機的底座抵住直線擋板,進行連續的淺走刀。讓身體保持在擋板的左側,務必讓雕刻機從自己身體的近端推向遠端,雕刻機才會因為下壓力道而抵住擋板前進

分段增加下壓深度並持續切割,直到底盤來到限深環的底部,無法再繼續下壓為止。

榫頭的長度

在切割榫頭之前，你必須事先知道從銑刀外緣到雕刻機外緣之間的這一段導引距離，也就是雕刻機半徑減去銑刀半徑的長度。確認前，務必切斷雕刻機的電源，再把它翻過測量從銑刀外緣到雕割機外緣的導距離。

榫頭的長度要比榫孔的深度短 1/16 英吋（1.5mm），才不會意外觸底。在第二塊木材上，從最末端往內量測一段等於上述導引距離加上榫頭長度的長度，做好標記，預備製作榫頭。

定位榫頭

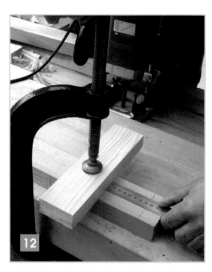

用直角尺和尖頭鉛筆繞著木材的四個面分別標出四條參考線。參考線到末端的距離都要參照上個步驟量出的長度。

將一塊筆直的廢木塊夾在榫頭木材的上方，與導引距離的標記線對齊。兩塊木材一起夾在工作台上。

用直角尺確認廢木塊是否與榫頭木材垂直。

切削榫頭

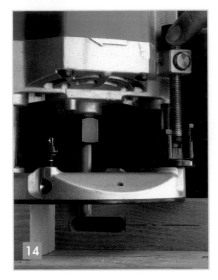

14

將榫孔木材平放在榫頭木材旁邊，調整雕刻機的鑽頭深度，要讓鑽頭的末端剛好對齊榫孔的上緣。

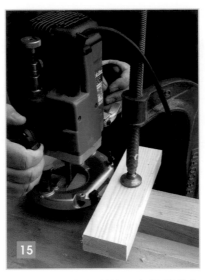

15

由左往右推動雕刻機，在榫頭的各面一次次削除條狀的廢料。

16

將木板直立起來、切削榫頭的另一面。接著再翻轉 90 度重複作業。依序完成每一面的切削作業。

方木栓搭配圓洞？

17

切出榫的正反兩面與兩個側邊之後，順利的話，直榫頭的四周就會形成相互對齊的榫肩。

18

雕刻機銑刀切出了圓角的溝槽，然而榫頭呈長方形。這時候你可以選擇用鑿刀修整榫孔的邊緣，或者銼去榫頭的稜角。

榫接密合

刻好的榫頭可以用手壓進刻好的榫孔中。

修邊機治具

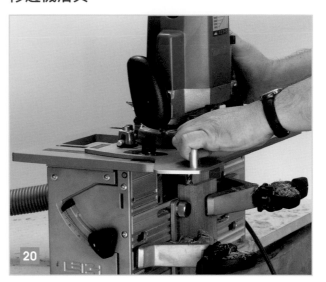

藉由治具的輔助，雕刻機非常適合用來切削榫孔。而同樣一副機器與刀具也可以切出對應的榫頭。

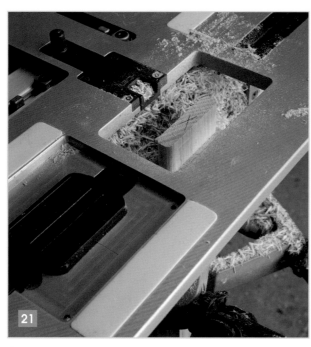

有鑒於雕刻機只能切出圓角的榫孔，治具的內建模板有助於在榫頭上切出同樣的圓角。

鑽出榫孔

任何木工鑽頭都可以鑽出榫孔，不過理想上最好將鑽頭夾在支架上，或是使用鑽床（drill press）以避免搖晃。能夠切出整齊重合槽孔的佛斯特納圓穴型鑽頭（請參見第 80 頁）是最理想的工具。圓角榫孔的側邊可以用鑿刀鑿平。

角鑿機

最常用來製作這類榫接的機器是角鑿機（hollow chisel mortiser）。具有安靜而強力的感應馬達（induction motor），運作方式類似鑽床，透過一支槓桿來操作。

相較於把雕刻機切出的圓角榫孔修成方形，把榫頭的邊角切掉再用鑿刀修圓還比較簡單。

角鑿機的夾頭夾住一支堅固的空心鑿刀，裡面裝有另一支螺鑽。鑿刀的內部圓孔可容納螺鑽；外側斷面則是方形，可以切出榫孔形狀。鑿刀的四角都有銳利的刀尖，這種特殊造型的目的是將廢料撥進鑽頭的開口中。

雕刻機切割鳩尾榫的輔助治具，擁有跟雕刻機本身一樣悠久的歷史。治具一開始只是簡單的梳齒形模具，隨著數十年來的開發，現今種類繁多，成為榫接切割時的多功能輔助器。間隔固定的模型治具仍然可以買到，只要將其固定、使振動減到最低，在重製大量榫接時的幫助就很顯著。

木工雕刻機製作的鳩尾榫

鳩尾榫治具

1

2

鳩尾鑽頭是用雕刻機製作鳩尾榫的關鍵零件。這是一種喇叭形的銑刀，兩側相對的刀鋒均為為碳化鎢材質（TCT）。這種銑刀有多種長度、半徑和角度可供選擇，每一種都是為了削出特定榫接的幾何形狀而設計。你可以只單買銑刀，不過通常刀具會跟鳩尾治具成套販售。

雕刻機治具的「指部」（finger）做為導件，用來導引雕刻機和銑刀繞著榫的周圍切割。圖中，左邊的治具附有滑動的指狀導件，能夠調整榫接的間隔。右邊的治具導件則鎖定在不同位置。

調整治具

當你沿著木材邊緣操作雕刻機時，可將導引軸襯（guide bush）套在軸上，準確控制軸的定位。圖中使用的是可調式軸襯，可應付不同雕刻機的使用。一旁手上拿著做比較的是標準軸襯。銑刀通常在軸襯安裝好之後才夾上，要特別注意是否調整到正確的深度。

鳩尾榫治具除了導引功能，還可以把木材夾在正確的方向，以便進行水平和垂直切削。某些治具藉由內建的夾具，能直接固定在工作台上。某些治具的操作則必須先將木材或密集板固定在下方，再用 G 形夾固定在工作台上。

如圖，木材用一支螺栓式夾具、或一對偏心桿夾住。儘管不可過度鎖緊夾具，抓握木材的力道還是必須牢靠，否則木材就可能因為切削力道而移位。

這件治具上的導引指部分開固定在同一根桿子上。你可以自由移動它們來決定榫的間隔，也能調整成任何你喜歡的間隔距離。

用來固鎖導引指部的桿子可以前後移動，決定位置後再加以鎖定。如此一來便可做出不同尺寸、可調整密合度的榫。

TIP

切割到鳩尾榫的最深處時，銑刀會承受相當大的力道，而且治具上較窄的指部只能支撐雕刻機的一側，因此必須抓牢雕刻機，以免振動。

用雕刻機製作互搭鳩尾榫

製作鳩尾榫需要強力的雕刻機，因為一次走刀就要達到完整切深。雕刻機底座的底面會延著指部而來回移動，在尾部和栓部之間切出一個個獨立的插槽。

最常搭配雕刻機治具、做起來最輕鬆的就是半隱式鳩尾榫，或稱為互搭鳩尾榫。幸運的是，這剛好也是最常用的鳩尾榫，幾乎全世界的抽屜前板都是這種榫接。

用雕刻機製作互搭鳩尾榫時，旋轉銑刀無法像鑿刀一樣伸入銳角的角落，因此榫孔的背部仍是圓弧造型。為了吻合榫孔，鳩尾榫治具發展出了能夠將尾部的背面切割成弧形的功能。這麼做，榫接內部就不會留下縫隙。

把尾部壓入栓部間的插槽，就能知道榫接的密合情形。理想上，用手應該就能將榫壓緊密合。太大力可能導致榫接受損或歪斜；太小力則代表榫的兩半並沒有任何結合力。

刨平完成後的榫接，邊緣也盡可能修平，例如組裝抽屜這樣的情況。榫的前端好比手工榫一樣，銳利且方正。而當互搭榫密合後，弧形的鳩尾背部與插槽都會隱藏起來。

互搭鳩尾榫的插槽深度通常會穿透木板厚度的 3/4，具有充分的結合力，又不會讓前端過於脆弱。許多治具都容許在一定的限制內調整榫接的尺寸。

用雕刻機製作貫穿式鳩尾榫

如果使用可調式治具，通常都能像互搭鳩尾榫一樣地製作貫穿式鳩尾榫。確定的是，此時鳩尾銑刀的深度要設定得更深，才能切出長度足以貫穿另一塊木材的鳩尾。

栓部之間的插槽以兩側平行的雕刻機銑刀切出。銑刀的喇叭形狀是為了搭配導引指部的錐度。導件的角度須與喇叭形銑刀切出的鳩尾形狀完全吻合。

用雕刻機切出的貫穿式鳩尾榫不會有圓弧的側邊，栓部因而剛好密合在鳩尾間的插槽當中。

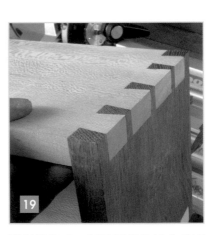

鳩尾治具，特別是多功能的型號，在使用前需要做不少的調整。第一次用雕刻機切割鳩尾榫，不要想著一次到位。你必須先進行調整、詳讀治具的使用手冊，再用厚度相同的廢木料多做幾次練習。在改變任何設定前，先把舊的設定記錄下來，下次設定就會又快又輕鬆。

治具調整好、用廢木料測試過後，用雕刻機就能在任何木材上切出密合的榫接。

雕刻機與手工製鳩尾榫的最大差別在於，雕刻機軸心的直徑使得栓部無法做得很細。除此之外，兩者的堅固度與外觀都沒有太大差別。

木匠總是在追尋優良的機械式緊固件（fastener）。為了打造能夠裝卸自如的結構體。以下介紹兩種高科技的機構，第一種使用隱藏式的凸輪，第二種使用依靠磁力旋轉的螺絲。不同於舊式扣件（fitting），新的榫接緊固方法不會形成弱點或破壞工件的外觀，因此能夠解決某些運輸與安裝上的問題。早期的機械式榫接會設計在木材外部；這兩種由 Lamello 公司設計的現代系統則完全隱藏在木材部件中。

 # 現代拆裝扣具

嵌進木材裡

這兩種系統有兩大優點。美學上，這些機械構造不會外露，可能只能看見內側表面的一個小洞，或者什麼都看不到。工程上，這些榫接的施力都作用於木材中心，因而能夠拉直結構，而不像其他外部扣件一樣可能會扭曲結構。

有溝槽的凸輪扣件

Clamex P ™ 扣件要安裝在用 Lamello Zeta ™ 餅乾榫切割機切出的溝槽中。Lamello Zeta ™ 改款自先前已經發展完善的餅乾榫系統，但是改用比較寬大的齒，從刀刃邊緣伸出進行切割。在完全切進木材之後，機械驅使刀軸短暫而垂直地上下振動，讓刀齒在溝槽的深處進一步切出凹槽。

Zeta 餅乾榫機系統的特殊機構設計會在刀具完全壓入、到達最大深度時驅動刀軸自動升降。

Zeta 銑刀的齒較寬，可以在餅乾榫槽底部的兩側分別切出凹槽。

製作像這樣的斜面榫接時，以角形治具（angle jig）協助鑽出側面的進入孔（entry hole）。

在榫的兩邊溝槽，分別把 Clamex 半片扣件滑入定位。Clamex 扣件的造型設計是為了能滑入溝槽並鎖定在特殊的輪廓裡面。一組餅乾榫片分成兩半，其中一半裝有一支鎖定臂，可以往外擺、勾住另一半。

榫的兩端接在一起，讓 Clamex 扣件的兩半對齊後，用凸輪桿（cam lever）將兩者聯結起來。操作方法是將一支六角形扳手伸入側面的進入孔，藉由旋轉扳手，就可以帶動鎖定部位的咬合與解除。

6

這台開榫機特別的是可以調整切槽的深度，以利槽口與不同尺寸的扣具搭配使用。

磁力鎖緊扣具

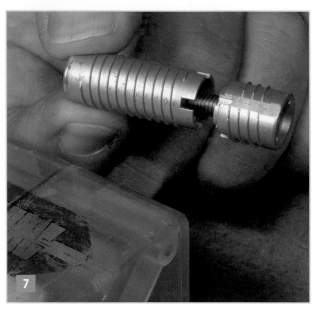

7

這裡所用的 Invis 磁力式緊固件不只是一種旋轉驅動力的磁性鎖緊。連結器表面具有粗螺紋，可咬入木材的洞中，再用特製的十字溝起子鎖進定位。連結器的其中一端較長，裡面裝有旋轉磁鐵。這種扣件通常會裝在榫接部件的長紋面。

TIP

Invis ™ 利用旋轉的磁場，把螺栓鎖緊、封入鑽在木材上的孔洞中。鎖緊裝置很單純，就是一具裝在透明盒子中的旋轉磁鐵，安裝在無線鑽孔機的夾頭上。

8

在榫的其中一側鎖入 Invis 緊固件的短螺帽。

把一支靠磁力鎖緊的磁力緊固件栓入長紋的深孔中。

將榫接的兩端拼在一起，讓緊固件的螺帽與螺栓彼此對齊。

在磁鐵高速旋轉下，Invis 接頭幾乎瞬間就鎖緊，而且牢牢固定。Invis緊固件的鎖緊力道可達352磅（160公斤），很適合應用在家具的結構性榫接當中。

直線接合

實木櫥櫃的桌面與頂部是由多片木板排列組成。如果木板取材自小棵的樹，就會有許多邊緣需要接合。不過在進行木板邊緣的榫接之前，還有許多事情需要考量。

邊接

要接哪一面？

以這些橡木板為例，可以看出這些木材粗糙的表面與邊緣有待刨平。這塊橡木的邊緣有顏色蒼白的邊材（sapwood），與顏色較深的心材（heartwood）相比，不但較軟、也較不耐久。處理方式之一是把邊材全都除掉，但是這麼做對環境、對自己的錢包都不是好事。

木板內側的邊材紋路較不顯著，因此你可以將每塊木板的年輪以同一個方向對齊。如此一來，就能讓比較深色且顏色較均勻的內側並排在一起。然而這麼做的缺點是木材可能因為收縮而在同一個方向發生瓦形翹曲（cup）情形，看起來反而更為嚴重。

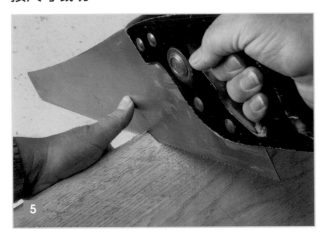

相反地，如果將年輪反方向對齊，翹曲在跨過幾片木板後就會消失，讓接上的整片寬木板更加平整。儘管這種排列方式有顏色不均勻的缺點，有些家具仍然會以邊材的蒼白紋理當做特色。多花點時間來調整木板的配置，直到順眼為止。就算只有兩塊木板，表面也有多達 16 種排法。

需求工具

鉋刀是必要工具。它不需要看起來美觀，只要生鏽、銳利，而且做過精密調整就好。手鋸有多種形狀與尺寸，我比較喜歡傳統型，可以自己磨利和調整。不過我也得承認，硬齒鋸作業起來比較快。上面裝有刀鋒或刀輪的新式劃線規比使用刻線針的舊款好用。夾具要堅固，不能因為壓力而彎折。

按尺寸裁切

首先將木材橫切成兩半。使用手工鋸除了鍛鍊自己製作更複雜的榫接，還能幫你把手持動力鋸控制得更好。話雖如此，你還是可以用電鋸或有滑動擋板的鋸台來練習漂亮又準確的切割。

刨平表面

把木材平放在工作台上、用擋板擋住，以免刨平時跟著移動。從表面看，木紋的方向有時候不太清楚，不過從側邊通常就能辨識出來。斜斜地朝著表面生長的纖維稱為「順紋」，也是應該推動鉋刀的方向。木材的第一道平面就是基準面。

如果不知道要從哪個方向開始刨，試著轉一轉木材。用鋒利的刀刃輕輕作業，以免撕裂表面。分別抓住鉋刀的兩個手把，剛開始時，下壓前面的手把；結束時，下壓後面的手把。

刨切邊緣

用虎鉗夾住木材的側邊，順著木紋刨削。刨削側邊時，不要抓住手把，要用拇指和其他手指捏住鉋刀底座的前端，用手指操控鉋刀直直前進。

用直角尺抵住剛刨好的側邊，背著光檢查側邊是否垂直於基準面。沿著側邊挑幾個點檢查各點與末端是否垂直。

測量厚度

目前只刨了木板的基準面與側邊，反面還很粗糙。反面除了要平整，還要跟基準面平行。先決定好你希望的最終木板厚度並設定在劃線規上，將握柄抵住基準面，用刀片繞著木板的末端與側邊做標記。

比照基準面，以同樣的方式刨平反面。不過這次當厚度刨到側邊與末端標記線時，要特別小心。有必要的話，多刨幾趟，將斜面或凹凸刨平。接著橫跨木板、平均分配行程，多刨削幾次到標記線為止。

接合

將兩塊木板面對面夾緊後，兩道側邊一併刨削。這樣在接合木板的側邊時，原本不預期的傾斜部位也得以合攏。

膠合

重點是要測試這一對側邊之間會不會看到空隙。將一塊木材平衡地立在另一塊的側邊,從後方打亮光。如果你在某一個位置看到一絲微光,先用鉛筆標出來,再用虎鉗夾緊木材,仔細刨去較凸出的部位。

PVA 黏膠很適合用來接合邊緣。樹脂黏膠與傳統動物皮黏膠也很不錯,不過使用起來沒有那麼簡便。將黏膠均勻塗在邊緣,再將另一塊木板的邊緣緊緊壓上去。

夾固

在以 PVA 黏膠接合木緣後,你必須用夾具施加幾個鐘頭的壓力,直到黏膠固定。在夾具的鉗口和木板中間墊入小塊的合板,讓施加的壓力強勁而平均,在夾緊之餘而不傷到木材邊緣。

清理

用途

板夾(sash cramp)上有堅硬的鐵桿,不會在夾緊時彎折而造成榫接變形。盡可能多使用一點夾具,將它們上下交錯夾在木板上以均攤壓力。

如果擠出多餘的黏膠,要趁著黏膠硬化之前用擰過的濕布擦掉。理想上,應該只會擠出一點點黏膠,在榫接固定、移開夾具後用鑿刀去除即可。

除了用來製作像圖中這塊榆木桌面一樣的寬木板之外,這種邊緣對接的手法也可以用來製作門板、櫥櫃的側板和頂板、書桌或椅面。事實上,這種技術廣泛運用在小件實木家具以外的所有作品中。

動物性蛋白質黏膠又稱做蘇格蘭膠（Scotch glue）或珍珠膠（pearl glue），不過最普遍的名稱還是皮膠（hide glue）。膠合（rubbed joint）是一種利用皮膠性質進行的邊接方式。這項傳統技術被用來接合大片木板，做法例如將木板的側邊刨平、塗上黏膠，然後靠在一起摩擦、形成接合部位。皮膠通常以乾燥的狀態販售，在加水、加熱後，就成為多用途的木工接著劑。皮膠與人造膠不同，可以隨時拆開再重複接合。

磨膠接合

準備黏膠

1

珍珠膠是方便取得的木工黏膠，以太妃糖色的固體顆粒狀販售。

2

珍珠膠必須加上體積 3 到 4 倍的水浸泡 8 小時，再用更多冷水稀釋。

加熱黏膠

顆粒較細緻、也較昂貴的膠粒粉（ground hide glue）是粗細中等的粉末，看起來像黑糖。由於膠粒較為細緻，吸水也比較快。一份粉末兌兩份冷水，幾分鐘後就能混合完成。混合物可以馬上加熱。

傳統的雙層膠鍋看起來就像鑄鐵製的巫婆大釜。外鍋裝著緩緩加熱的清水；內鍋供混合黏膠保溫，儘管溫度比外層低了許多。

鍋子必須以小火加熱，不可讓外層的水起泡。冬天時，工房內的暖爐雖然有助於保持鍋子的熱度，但溫暖的環境也會讓膠合的部位較慢凝固。

電熱式膠鍋的設計很像燉煮鍋。這個雙層的容器裝有固定恆溫器，能讓內鍋的黏膠保持在 131～140°F（55～60°C），適合長時間使用。皮膠混合物必須不斷加熱以維持黏性。不過大約半個鐘頭不到，熱黏膠就會因水分蒸發而形成皮膜並變稠，因此必須添加更多溫水。

二階段凝固

冷卻 30 秒左右之後，黏膠就會變得黏稠、產生黏性。皮膠會分兩階段凝固：第一階段會在液體冷卻幾分鐘後形成黏稠的膠質；第二階段則在一兩天後乾燥，讓接合處硬化。

▶ **TIP**

皮膠凝固的兩個階段；

- 第一階段是皮膠「不等人」的即刻黏著作用。將木材表面壓合約一分鐘過後，黏膠表面就會硬化形成皮膜，產生有效的張力。皮膠在初期冷卻後其實還相當柔韌。這種特性很有用，因為這樣就能輕易去除多餘的黏膠。

- 第二階段是水分因為蒸發，以及被接合部位周圍的木材吸收而逐漸消失。當皮膠完全固定時，它就會變得又硬又脆。這有利於多數的接合，能夠防止滑動。

塗上熱黏膠

準備好的黏膠又熱又濕潤，會很快從刷子上流下來。塗抹黏膠用的刷子是以鐵絲捆綁豬鬃製成。小朋友畫畫用的大支天然纖維刷子是很好用而且便宜的替代品。

搓動接合處

木材邊緣已經刨平，準備好用一般方法接合。一邊塗上熱黏膠，另一邊來回摩擦，將多餘黏膠擠出。在進行摩膠膠合時，熱黏膠要快速塗在一邊，旁邊以另一塊木材的側邊做為引導。

稍微滑動一下這兩道邊緣，將它們對齊並緊壓在一起。由於皮膠的快速黏性，不須使用夾具就能單以摩膠做出很好的邊接榫。摩膠接合的優點是，黏膠固定時能自行提供所需的接合壓力，不須再擠壓木材或接合部位。

隨著黏膠凝固，你會察覺摩擦力正在提升，直到黏合力逐漸增強，邊緣無法再滑動為止。此時可以將木材靜置一旁，以免在蛋白質收縮時讓連結力變弱。等黏膠硬化後再將兩道邊緣按緊。

修復

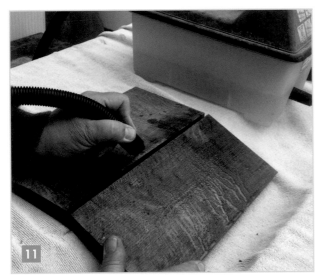

即使接著劑已經完全硬化，用熱水就能讓接合處鬆開。以裝修用的蒸氣機注入熱蒸氣來解除接合，快又有效。這樣一來，表面會再次充滿未硬化的黏膠。

▶ TIP

皮膠特別適用於木工的永久修復作業。首先，黏膠的黏性可以藉由熱蒸氣軟化並解除。第二，新膠可以塗在舊膠上，形成強力的接合。

木用螺釘加上黏膠的接合方式簡單有效，數百年來被運用在櫥櫃與拼合家具的內部。除此之外，它做為合板或密集板轉角的直線接合，效果更為顯著。

 # 螺釘膠合

膠合塊接

1

2

3

表面貼皮（veneered face）的合板外觀很好看，通常會被製成各個方向強度相同的大面積板狀，適合做為木工櫥櫃的材料。然而由於鳩尾榫、或榫頭榫孔這種交錯的榫接主要仰賴實木的木紋強度來形成結合力；相較之下，合板與密集板的細微組織在承受壓力時很容易斷裂。因此上述兩種榫接方法如果搭配人工板材，就發揮不了什麼作用。有鑑於此，如果人工板材需要結實而緊固地膠合，只要將木板對接在一起，在兩者的轉角內側黏上木塊即可。

首先將兩片木板對接，標出一片木板接在另一片木板上的位置。製榫時一定要直接標記，不要測量。這麼做有三個重要理由：首先，測量到的數字會讓你分心，讓你忘記榫接的具體存在。第二，你的腦袋可能被數字混淆。最後、也最重要的是，不管你量得多仔細，都不可能完全精準，數字一定會有誤差。

在木板的兩端分別標出接合轉角的內側位置之後，用直尺畫線將兩端連接起來，藉此避免因木材翹曲而畫歪線條。這種情況經常發生。

用來膠合的木塊是長條硬木，斷面通常是 3/4 英吋（18mm）見方。

▓ TIP

分清楚螺釘的種類很重要。十字螺釘（Philips）和盤頭米字穴螺釘（Posidrive）雖然都是十字造型，但可不能搞混，否則鎖入時會滑牙。盤頭米字穴螺釘在主溝槽的 45 度角方向還有一組輕微的十字凹痕。盤頭米字穴的螺絲起子則在四支主要凸起造型之間另有四個微小的凸起設計。

從瓶中擠出黏膠，直接塗在每個木塊的側面並刷勻。先將木塊置於輔助線上，再用木工螺釘鎖緊。最後，將黏膠塗在對接部位的內側，鎖緊所有螺絲，並在黏膠乾固之前檢查是否確實對齊。螺釘一方面做為黏膠硬化前的暫時夾具，一方面永久固定在夾板裡，避免外層的貼皮剝離。選用正確的螺絲起子，施力才會穩定平均。

在合板製的櫥櫃內運用螺釘膠合，是上個世紀初在製作收音機和電視機的常見方法，當時可是以其時髦的革新設計而聞名。三〇年代一直到二戰過後，經濟大環境不景氣，設計師拚了老命開拓新的市場。這時候，螺釘膠合式櫥櫃拯救了大家。這些以螺釘膠合方式製作的櫥櫃是由家具設計先鋒戈登‧盧索（Gordon Russell）所設計。他的工廠在戰時曾經也是飛機零件的製造地。

避免上膠

在復古收音機的機盒裡頭，你可以看到用螺釘膠合的框架將合板固定在一塊兒。舊式的真空管會放出許多熱量，因此機盒被不斷加熱再冷卻。這對許多傳統木作來說是個嚴峻的挑戰，然而這些老舊收音機的機盒打了一場漂亮的勝仗，順利地撐下來了。

在餐桌椅的彈簧椅墊（drop-in upholstered seat）下方、榫頭榫孔接合處的內部加裝螺釘膠合木塊。主要用意在支撐椅面，同時固定椅子的榫接部位，以免發生扭轉或變形。

實木桌面和櫥櫃頂面的寬度會隨著季節濕度變化而伸縮。此處的接合不能使用黏膠，反而要容許伸縮才不會造成變形。將這些螺釘鎖在有溝槽的洞中，木材表面還上了蠟而不是黏膠，使其能夠滑動。

箍接（coopered joint）的製作方法源自於傳統的製桶工藝，但是改以膠合來代替過往的鐵箍。箍接概念是利用一系列平坦的切片連接成類似拱的形狀，之後再將表面刨平，切削成一整片連續的曲面。

 # 箍接

射刨擋板

首先準備一塊比需求尺寸更寬的木板。此寬度必須足以彎出弧度，邊緣成形時要削掉的部分也要納入考量。將木板切成數條，木條要夠細長才能做出預計的弧度。在這個範例中，木板厚度為 3/8 英吋（10mm），切成木條後的寬度為 1-1/2 英吋（38mm）。在切割之前，先在木板上標出 V 字形，到時後才方便依序組裝。

射刨擋板（shooting board）這種治具可以協助刨削木材的末端或側邊，使其與正面垂直。木材放在射刨擋板上，鉋刀則在擋板側面的嵌槽或溝中，貼著木材的一側移動。

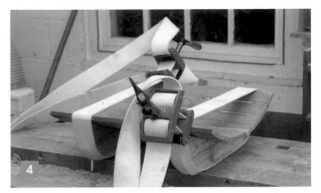

為了刨出角度一致的邊緣，以利箍接，你可以在不改變射刨擋板主要功能的前提下變換其使用方式。在木條另一端的下方塞入墊片，使其稍微抬起，讓要刨削的側邊往鉋刀傾斜。在燈光前方併攏刨好的木條，在膠合之前檢查木條之間是否有縫隙。

要把成角的木緣拼起來上膠是很麻煩的事，除非你先做一個弧度正確的型架來固定木條，才不須捆綁。現在你要用一個奇怪的角度平均施力，讓所有的斜角邊緣兩兩對接，拼出粗略的弧度。

▶ TIP

帶式夾（band cramp）最適合用來捆緊角度的不同接合部位。這是一種用來拉緊布條的機械，可以應付各種角度。你也可以用一條打結的繩子來自製帶式夾。將一根棒子穿過鬆弛的繩子，再絞緊它。

修整曲線

等箍接木條間的黏膠都固定後，就可以用仔細調整過的光鉋（smoothing plane）把接合部位的外角刨平。不斷刨平表面，直到形成連續的凸面為止。

曲底鉋（convex sole plane）可以刨平箍接板的內側。你需要的是從末端看過去底面呈凸曲面的鉋刀。由於很容易買到二手貨，這裡用的是改造過的木製阻擋鉋。曲底鉋的底面弧度可以利用另一支鉋刀加工，再把刀刃磨成與底面相符的弧度。

在木材上開一道溝槽，讓另一片木材的邊緣嵌入的方式稱為槽榫（housing joint）。有時候也稱為槽位（trench）榫或方榫（dado joint）榫。家具工匠使用槽榫，一般都是為了要固定抽屜的底板，讓木材能隨著季節收縮。

 # 橫槽榫與直槽榫

手工開槽的榫接

1

2

3

橫切過木紋方向的是橫槽（housing）；而類似橫溝、但是平行於木紋方向的則稱做直槽（groove）。如果使用的是合板或密集板之類的材料，就沒有橫槽與直槽之分。

傳統櫥櫃純以手工鉋刀製作。嵌槽鉋裝有三片可調整的刀刃，用來切割直槽或橫槽。主刀片切割槽位的基底，其他兩片則切割側面。可調式擋板與限深裝置能控制溝槽的位置與深度。

木板的側邊要削薄，才會符合橫槽的尺寸。邊鉋底部刀鋒的旁邊裝有一片較小的「尼卡」（nicker）刀，可避免木材撕裂。

手工雕刻

即便其他部位都用機器製作，溝槽的開口通常必須以手工切割。

手持雕刻機可以提供切割溝槽所需的速度與力量，但必須有牢固的導件。你可以製作一個 L 形導件，並在其中一邊設置凸條以定位機器。當你要從垂直方向切割橫槽時，先將 L 形導件的凸條卡在木緣上做為固定，再沿著導件操作機器。

將雕刻機與 L 形導件定位，讓刻出的橫槽正好落在你想要的位置。

銑削台

現在將L形導件牢牢地夾在木板上，使其不會抖動或移動。然後用壓入式雕刻機先雕出整齊的溝槽末端，再將雕刻機抵住導件、切出溝槽。

為了正確定位橫槽，直接將木材抵住另一塊進行標記。

銑削台有較大的台面可以引導木材。鳩尾形的槽榫因為是斜面的設計，比直形槽榫更加牢固，但必須以高精度的一次走刀來完成

131

10 木板末緣要整個切出斜度才能裝入鳩尾槽中，但製作起來並不容易。在銑削台上裝一片高一點的擋板，工作起來會更順手。

11 木板末端的鳩尾形斷面必須吻合溝槽的斷面。整條鳩尾必須平整，榫接在組裝時才不會卡住，而能緊密結合、不會搖晃。

12 最好先用廢料試做一次，檢查榫接是否可以牢固接合。調整好銑削台後，將所有相對應的榫都一一切割好，再解除銑削台的設定。

組裝榫接

13

先不要上膠，測試一下槽榫的接合是否緊密。如果槽榫的斷面是鳩尾造型，必須先將其中一端嵌入槽中。如果斷面是直線造型，可以直接壓入而不須滑動。

14

由於橫槽橫切過木紋，彼此接合的兩塊木材會同時出現季節性的收縮，因此不會對榫接造成張力。這代表橫槽可以整條膠合，並且從垂直方向夾緊固定。

鑲板邊緣

門板框架轉角的雕繪榫會形成一道溝槽，用來固定鑲板。榫接在銑削台上切割好後、壓合後組成一條連續的溝槽，可嵌入鑲板的轉角。

鑲板的邊緣同樣在銑削台上以大型銑刀切割成形。鑲板薄邊的溝槽能夠嵌入鑲板。

膠黏鑲板

在乾燥天氣下，懸浮的鑲板可能會在框架中搖動作響。為了避免這種情形，我們採用半懸浮式鑲板。只在溝槽的端面中心點上膠，再嵌入鑲板。一來可以固定鑲板中心；二來當木材收縮時，又容許板緣在溝槽中移動。

TIP

傳統上，實木鑲板會「懸浮」在溝槽中，也就是說，鑲板不是真的膠合，可以自由滑動。這樣的做法在鑲板寬度隨著濕度改變而產生季節性收縮時，可以避免在框架的長直紋方向與鑲板的端面之間產生張力。

當框架組裝完畢，鑲板的邊緣也確實嵌進溝槽中，此處應該稍微窄於框架邊緣的榫接部位。建議大概預留鑲板寬度 3% 的收縮量。

鍵片（spline）是長條薄木片的傳統稱呼。花鍵接合的做法是將一個或多個鍵片黏在框架轉角兩邊所鋸出的溝槽中，藉以拼起框架的斜切轉角。在製作或切割花鍵接頭之前，所有木材都要刨得平直方正。接下來，我們會先示範使用手工具製作的輕型花鍵接頭（spline joint）；再用基本的電動工具製作一款不一樣的鍵塊式花鍵接頭（keyed spline joint）。

花鍵接合

手鋸花鍵接頭

在木板的側面標出一條 45 度角的橫切斜線，然後在木板正面標出另一條與其垂直的橫切線後，小心沿著線鋸開，用以製作斜切榫。

把接頭的兩側都鋸成 45 度角再一併夾起，讓斜邊對接在一條線上，形成直角榫接。接著在這一組對接直角上切出一整排溝槽或鋸口。鋸切時先斜切同一個方向、完成後再換另一個方向。

鍵片是沿著木紋方向鋸下的薄木片。切割鍵片時必須配合鋸口的厚度，操作起來有點麻煩。先切出一片，並試著插入槽中。如果太緊或太鬆，再視情況調整下一片的厚度。

膠合

首先用黏膠瓶的瓶嘴把PVA膠擠入鋸口。瓶嘴抵住木材，把黏膠擠進溝槽中。

接著把鍵片滑入溝槽，左右搖晃地慢慢卡入。黏膠可以當做潤滑劑，不過塗完膠後，動作還得要快一點，不然黏膠中的水分會滲進木材中，讓木材很快緊縮。

當黏膠凝固、但還不至於太硬時，用銳利的鑿刀切除榫接以外的鍵片。沾到刀上的黏膠要立刻清除，否則黏膠中的水分會侵蝕鑿刀的鋼鐵材質。

機器製的花鍵接頭

TIP

利用一些動力工具，像是斜切鋸裝上鳩尾銑刀的小型雕刻機，可以做出更結實的花鍵接頭。

確保木材穩穩地抵住擋板。有必要的話請用夾具夾緊，特別是較短的木材。

對接末端、形成接頭時，再次檢查45度角斜面是否準確無誤。斜切鋸口如果稍不精準，在組成直角後所有誤差都會放大兩倍。

膠帶貼合

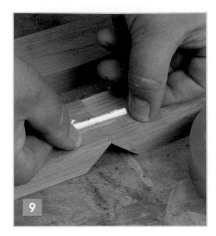

用膠帶從外側把斜切部位貼在一起,再切割鍵片。這個方法也許有點簡陋,但只要木材表面沒有灰塵、膠帶黏性夠,就會很有用。

當你對折接頭,貼在接頭兩端的外側膠帶會被拉長,而使得直角的外側緊貼並對齊,有助於進行下一個步驟。

使用鋸台上的虎鉗或木工桌款式的虎鉗。測量雕刻機底座到銑刀中心的距離,把一道直木條平行夾在虎鉗中間,做為擋板,並且引導雕刻機銑刀沿著虎鉗兩個鉗口中間的空隙前進。

雕刻鍵槽

把兩端用膠帶貼起的斜切接頭以45度角夾在虎鉗上,轉角部位剛好與鉗口的頂端齊平。

調整雕刻機,讓鳩尾銑刀剛好伸出雕刻機底面。現在,在虎鉗夾住的斜切接頭上切割出一道預備塞入鍵塊(key)的鍵槽(keyway)。

在擋板旁放入第二道直木條,幫助雕刻機往側向移位,在貼起的斜切接頭上切出第二道鍵槽。

插入鍵塊

準備一塊顏色不同於框架的木材，以同一支鳩尾銑刀切削該木材的兩端；得到的錐形鍵塊緊密地嵌入接頭上的鍵槽。

鍵塊用雕刻機切削成形後，先從木材的邊緣切下、再分段切短。如同花鍵的用法，將這些鍵塊插入斜切轉角的錐形槽中。

把錐形鍵塊插入上了膠的溝槽，再將框架夾緊結合，等黏膠凝固。接下來，把多餘的鍵塊切除，使其與框架的表面齊平。

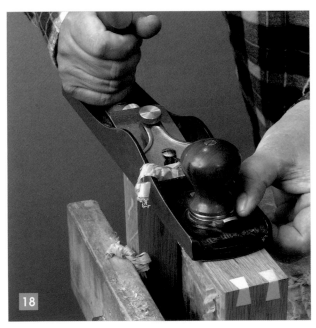

最後，將組裝好的錐形鍵塊刨平，表面露出蝴蝶造型。這種榫接不只美觀，也具有優異的強度。

特殊榫接

生材的「生」（green）是指木材尚未乾燥，跟顏色沒有關係。使用生材進行木作的重點是必須憑藉經驗來預估木材乾燥後的形狀與尺寸變化量。木材收縮不一定不好，在某些情況下，也可能有其優點。

 # 用生材製作榫接

萌芽木

許多生材接頭的木材會取自萌芽林（coppiced trees）。這種木材的樹幹被鋸至離地不遠的高度，樹樁會繼續長出好幾棵新的枝幹，幾年過後會逐漸變粗到適合砍伐的程度。

剛砍下的木材充滿水分。事實上，水分通常比木材本身還重。為了加速乾燥，這棵巨大白蠟樹幹被沿著長邊鋸成兩半，露出顏色變深的心材。

隨著木材乾燥，纖維的厚度會收縮，但長度不會有太大的變化。這使得木材的長邊裂開。經過數季的乾燥，可以用大木槌（beetle）搭配楔子、或一種稱為木瓦斧（froe）的帶柄切割工具將直徑較小的木材砍成小塊劈材（billet）。

傳統上，劈材固定於刨削木馬（shaving horse，粗製的工作台前身）上，再用刮刀（drawknife）塑形。工匠坐在刨削木馬的基座，用腳踩住裝有鉸鏈的框架以夾住木材。不斷拉動雙柄刮刀，將劈材削成六角形或粗糙的圓筒，預備之後車削（turning）使用。

車削

桿式車床（pole lathe）的設計可以回溯到古埃及時代。將繩索的一端綁住長而有彈性的枝條，再纏到劈材上；另一端則綁在 A 字形的踏板上，用腳操作。車床主體用兩根木材製成，中間預留的間隙嵌入一組稱做托架（proppet）的垂直支架。兩支托架各自鎖入一支鐵釘，鐵釘的一頭磨尖做為尾座。

你也可以用工房中的車床來車削生材，但金屬部分，要注意保持乾燥無鏽。將一根根的椅背紡錘桿（chair spindle）車削出圓形榫頭，與圓形榫孔的直徑相符。這些部件都必須經過乾燥才能吻合妥當。

椅面

7

8

如果你要用邊接方式把木材拼成椅面、而且也決定好木材乾燥時的彎曲方向，就可以照著之前介紹過的大桌面做法，將木材膠合並夾緊。（請參見第118頁）

偶爾你也會有機會把一大塊實木切割成椅面，例如圖中這塊榆木。儘管木板在收縮時還可能變形，不過這也會讓它的外形更添趣味。

熱蒸

9

如果想讓木材變得柔韌而容易彎曲，最直接的一種方法就是將木材放入蒸汽箱中熱蒸。依照木材的厚度，一吋蒸一小時，以此類推。這個方法對生材特別有效。

> ▶ **TIP**
>
> 一個舊垃圾桶加上幾張把熱度封住的鋁箔紙，就是一個自製的簡易蒸汽箱。電動除壁紙機則是很理想的蒸汽供應來源。

椅面

木材在熱蒸後必須立刻彎曲成形並夾緊，靜置冷卻。記住，木材會稍微回彈。圓形榫頭的末端在熱蒸時會稍微膨脹，因此必須徹底乾燥。

想要鑽出吻合椅腿的榫孔角度，鑽頭在開始時要保持垂直。鑽入木材後，再緩緩傾斜至所需角度。

榫頭與榫孔不僅要完全密合，也不能出現細窄的間隙，避免鬆脫。如果紡錘桿完全乾燥而椅面還沒，榫接就會隨著時間變得愈來愈緊。

每一張鄉村椅都是獨一無二的，做起來有趣，坐上去又舒服。圖中這張椅子是由蘋果木和榆木生材製成。

過去幾世紀以來，人們認為一座頂部平坦的櫃子是未完成而有待裝飾的。檐板因此成為經典櫥櫃家具中畫龍點睛的要項，展現了工匠在處理細緻輪廓、曲度、角度、切割和裝飾上的技藝。

檐板接合

檐板的各部位說明

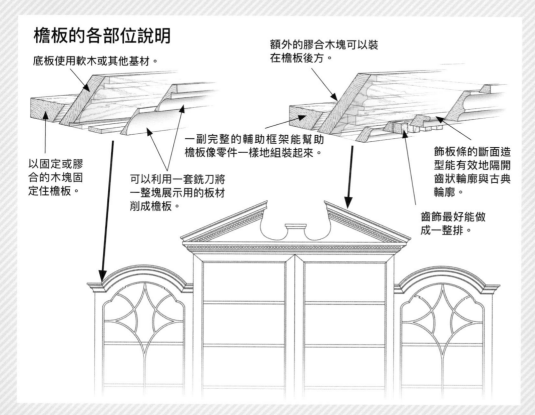

底板使用軟木或其他基材。

以固定或膠合的木塊固定住檐板。

可以利用一套銑刀將一整塊展示用的板材削成檐板。

一副完整的輔助框架能幫助檐板像零件一樣地組裝起來。

額外的膠合木塊可以裝在檐板後方。

飾板條的斷面造型能有效地隔開齒狀輪廓與古典輪廓。

齒飾最好能做成一整排。

圖中的拱形檐板可以堆疊。每一層都是將大塊木板放在銑削台或單軸刨木成型機上做輪廓的切削，以避免切割小部件所帶來的風險。拱形是用安裝在橢圓規（trammel arm）上、裝入直形銑刀的雕刻機製成。器材會引導雕刻機繞著一個固定的樞軸切出弧形。檐板疊加後，就會與其他複合的角條斜接成一體。

切割弧形的內凹槽

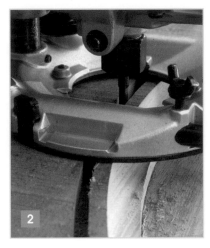

大型號的內凹銑刀應該裝在銑削台或單軸刨木成型機上使用，切勿用在手持雕刻機。大塊木板的曲緣內側在銑削台上削出內凹輪廓後；接著為了削去拱形的斷面，要把木板放回橢圓規上、加長半徑，進行第二次切割。

加大半徑，削出可以套在第一個弧形外圍的二號弧形，包含一條重疊部位以便膠合。第二個弧形參照第一個弧形的做法，切出內凹槽。

弧形部件切割好後相疊，為了讓部件之間稍微重疊，半徑要漸次增加。更換不同的內凹銑刀，加上半徑持續加大，就能做出更繁複的輪廓。

拼合側面

把這些拱形部件如層板一樣疊加、黏好，就成了至少有兩道內凹輪廓的拱形簷板。直接用傳統蘇格蘭膠，把這兩道拱形黏成一塊多層拱形簷板，而不在這樣的特殊造型上做高難度的夾固作業。直線簷板也採取同樣的方法，在直條木板上削出內凹輪廓後，疊合而成。

接合彎木

簷板上的弧形斷面與直線斷面必須交匯在一條斜線上，而兩者在此處的深度也應該相同。圖中筆尖指出的兩點連線，即為交會處的斜線；將簷板切割出這個角度，內外緣才能確實對齊（編按：請參考左頁下圖中，左方粗黑箭頭所指的位置）。

6

7

在拱形簷板上鋸出斜角,再用自由角規把這個角度複製到直線簷板上。

把鋸好的簷板末端拼在一起,內緣與外緣需高度吻合。兩者的內緣與外緣相接,兩邊相對應的點也都會對齊。

畫出轉角

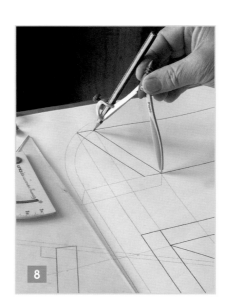

8

TIP

簷板跨越櫥櫃轉角的位置需要用一個大型斜切榫來接合。簷板是由一塊斜角木板、或一系列要構成特定角度的木材斷面組成,因此斜接面必須切削成複合的角度。而這些角度是經過精確的繪圖或計算得來。

在標記角度刁鑽的斜接頭前,最好先畫出實際的尺寸,並在腦海中想像完成品的模樣。你可以用鉛筆、圓規、角規和直尺來繪製;但相較之下,CAD軟體會更準確,因為電腦計算的角度與長度能達到更多位數。

這是一張傳統的剖立面圖,利用上面有投影線可算出簷板部件確切的形狀與角度。

計算切割角度

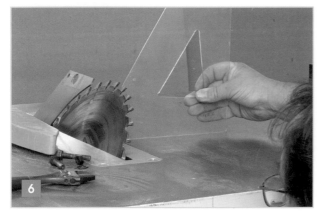

鋸台的設定工作包括調整軸心傾斜的鋸片、可調式滑動擋板，以及角形支撐塊。不過，以電腦計算後的數據來製作複合角度，實務上有其困難之處。除非將 CAD（編按：computer aided design 的縮寫，電腦輔助設計）配合 CNC（編按：computer numerical control 的縮寫，電腦化數值控制工具機）一起使用，否則切割過程中仍然達不到精準度。畢竟還是有相當數量的部件得靠手動和目測來對準。

簡易、實用的轉角

要鋸出檐板斜切轉角的複合角度時，有個方法雖然不如科技製圖或電腦靈活，卻更直接了當，那就是把木材同時往兩個方向傾斜。這樣做的目的一方面是為了讓鋸刃保持直線與垂直，另一方面是將木材照著要安裝在檐板上的角度來擺放。滑動擋板固定在水平方向的 45 度角。另外拿一個經過倒角處理的木塊固定在擋板前方，用來支撐木塊，使其在垂直方向傾斜 45 度角。

轉角組裝

整理末端斜角，有必要的話也可以用阻擋鉋來修整。完成的檐板應該用手就能推緊，而不會出現肉眼可見的間隙或破壞成品的凸出物。

榆木可能不太穩固，因此這座櫃子的檐板更有必要特別合緊，以免出現可見的外部間隙或凸起。

通常我們看不到檐板的頂部，因此斜切部位的傳統緊固做法是在該部位的後方裝上螺釘膠合木塊。這在製作強固檐板接頭時非常好用。

當製作的物品架構不是方形時，就需要用到角榫（angled joint）。大型角榫則用在木構建築物的屋頂。在本節這個漂亮的範例中，曲樑嵌入了以生材製作的垂直女王柱（queen post）。類似的手法也可以縮小應用在家具當中。

角榫

量測尺寸

要切削椅子等物件的角度前，最好先在一張白色硬紙板上畫出跟實際尺寸一樣大的立面圖、平面圖，以及榫接的細部。割下這張圖做為樣板，藉以定位並設定榫接的角度。

用簡易的圖面來預測榫接的角度，不見得每次都能成功，除非使用 3D CAD。因此，我利用兩支量角尺鉚合而成的工具來測量椅背兩側之間的特殊夾角。

鑿與鋸

用鑿刀來製作特殊角度的榫接，實務上相當可行。過去，頂級的家具也都是以這種技術製成。對製作特殊榫接來說，這個方法還是比設定機械或治具來得快。但假如要製作一定的量，手工具不只比較慢，密合也比較困難。

帶鋸機很適合處理彎曲和斜角工件。最保險的做法是將每一階段切下的部位貼回去，工件才能平放在帶鋸台上。除了彎曲和斜角部件外，帶鋸機還可以處理榫接本身的部件，像是圖中這些斜角雙頭榫（angled twin tenons）。

用帶鋸機鋸出的榫頭成了部件整體輪廓的一部分，斜角設計是為了跟要結合的框架造型互相吻合。兩者通常需以手工具來進行表面加工（finishing）和微調才能順利密合。

用鋼絲鋸或弓鋸將帶鋸機鋸好的斜角榫頭鋸成斜角雙頭榫。

貫穿榫很常應用在家具上面，兼具了強度與造型的優點。榫接的最末端可以鋸平，或者稍微凸出，替斜角框架增添一點趣味。

雕刻機斜角治具

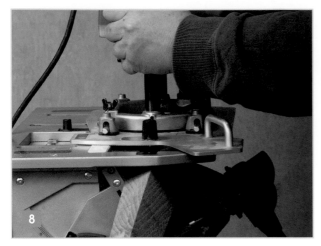

8

9

榫孔榫頭的切割治具很適合搭配雕刻機一起製作角榫。好的治具價格不斐。在製作榫接的兩半時，裝有調整式夾鉗的治具可以夾緊木材。

治具設定好後，就能用同樣的角度來複製榫接。這種方式非常便於製作一整套同款家具，例如椅組。

雕刻機標準治具

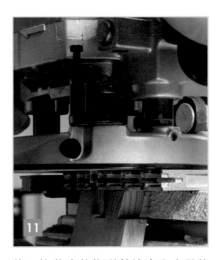

10

11

12

切割鳩尾榫的治具有多種形狀與尺寸，但通常都設計成從木材的垂直方向操作。靠著一些巧思，你也可以用標準的鳩尾榫治具來切割小角度的榫接。首先，將兩塊木材橫切至所需角度。

將一片狹窄的楔形墊塊塞入夾具的鉗口中，協助固定要處理的垂直木板。這樣當你在木板上切割栓部時，木板才會前傾，進而切出有傾角的栓部。相對地，尾部木板再切割時會平放，因此除了前端，尾部的其他部分不會有傾角。

稍微調整墊片、也試切一些廢料後，就可以用鳩尾榫治具來製作一系列相符的角榫。

簡易的斜木釘

製作大部分木釘榫,包括「簡易」的直角形木釘榫時,榫孔的排列位置與角度都是問題所在。如果木板已經切出正確角度、準備好可以對接,直接從另一側鑽出貫穿的木釘孔,然後將長木釘沾上黏膠後敲入。黏膠固定後,再將凸出的多餘木釘切齊、刨平。

對齊

你可能會發現,當你把一根榫推入斜角框架時,可能會導致另一根榫跑出去。同時組裝的榫頭必須朝著同一個方向對齊排列。

膠合

在等待接頭的黏膠固定時,必須緊密壓合。以角榫來說,可能需要在榫接兩側的木材上額外用木塊加強。現在,你可以用更多夾具把木塊固定在榫接上,做為加強。

■ TIP

夾緊框架時很常一不小心就讓它變形,特別是那些需要大力才能壓緊的榫接。仔細調整夾具,確保在夾緊的同時保持力量平衡。黏膠固定前,必須仔細檢查榫接是否平直且方正。

有時候,可以從垂直的兩個方向分別用夾具固定榫接。來自兩組夾具的合力可以固定木塊、讓榫接合緊。

椅架的結構一來要輕巧、一來要夠堅固，才能撐住重負載。不同於大部分家具都只需要承受自重，頂多再加上部分內容物的靜負載；椅子必須撐住可能比自重大上二十倍、而且非靜止不動的人的體重。有鑑於此，椅子必須運用一些重要的接合技術，才能扛下如此重責大任。固定方式包括木椿或楔子之類的機械式緊固件，以及接著劑（adhesive）。榫頭的頰面寬廣，足以提供長木紋與長木紋黏接所需的面積、達到穩固的接合效用；當黏膠在潮濕環境中失效，木椿或楔子的強度則依然有效。

椅用榫

曲度和角度

大部分椅子都會使用角榫或是複合的角榫。椅子之所以要有角度，是為了在椅背創造出讓人倚靠的傾角（rake）。椅腿張開以求穩定，椅面則由前往後縮窄以提供舒適感。椅架立在基準面上，藉由帶式夾的協助讓角榫完成膠合。

貫穿式榫接不僅擁有最大的深度，也方便目測確認榫接是否緊密結合，就算椅面被舉起也不會解體。

椅軌間的膠合木塊能夠補強結構，不僅避免轉角受到壓迫，也能抑制相鄰的轉角向外擴張，使結構維持住而不歪斜。木塊的另一功能，還包括支撐彈簧椅墊的椅面轉角。

餐桌椅椅背直桿或椅腿跟側邊椅軌之間的接合部位可能承受最大的張力。你可以斜斜鑽出榫孔，或讓榫頭傾斜以便對齊榫肩，兩種做法都很常見。只要長紋方向直接穿過榫頭的兩端，就算切出斜角也不會嚴重削弱強度。

溫莎椅

圓鉋（rounding plane）可以削出逐漸尖細的錐狀末端，做為椅腿的榫頭與溫莎椅（Windsor chair）的椅軌。這個老舊木製圓鉋的半徑可以自由調整徑。以前在英格蘭溫莎地區以北的奇爾特恩丘陵（Chiltern Hills）一帶，一群被稱為「木椅車工 (bodgers)」的工匠們會使用桿式車床來車削椅腿和紡錘桿。這些部件的末端呈錐狀，可以插入寬闊實木椅面的鑽孔中。

將椅腿和椅軌插入實木椅面的錐形孔中。傳統做法會使用錐形匙鑿（taperd spoon bit）在椅面鑽出錐狀的榫孔，再將車削好的椅腿插至設定的深度，以確保緊密度。由於這種榫接能撐住大片的接觸面積，加上椅子的設計會讓榫接不斷受到擠壓，因此形成了緊密的摩擦結合力。

7

車削過的椅腳末端會與鑽出的圓形開口插槽準確密合。

木釘

8

高級圓穴鑽能夠鑽出準確的圓形榫孔。中間的黏膠固定後，會形成促使榫孔與榫頭緊密結合的適當壓力。大支的圓柱形木釘可以車削方式製成、再切開，當做活榫頭來使用。

■ TIP

避免在椅子上使用小支木釘，因為張力太大，成排的木釘孔可能導致木材開裂。將椅腳或椅軌部件車削成大支的圓柱形榫頭的好處在於，這樣的榫頭跟用圓穴鑽鑽出的榫孔可以精準密合。

9

在完成的榫接上再一次雕刻，會得到一種不同於原本構造的新造型，榫接之處才不會那麼容易被破解。

黏膠

10

動物性黏膠的接著力優越，而且固定後相當強韌，很適合填補間隙。然而它最大的優點是可以拆解再重新組裝。舉例來說，如果一個榫接需要拆開來更換其中一個部件時，可以熱水或蒸汽來軟化動物性黏膠。關於動物性黏膠的使用細節，請參見第 122 頁的膠接章節。

▶ TIP

防水 PVA 黏膠在承受夾固的壓力時，會凝固成交叉鏈接的聚合物，在木材表面的纖維間形成比木材本身更強韌的連結。其他合成黏膠雖然較方便用來填補間隙，不過黏著力通常比 PVA 弱、也比較脆，因此難以應付椅架的收縮問題。

11

在椅腿內部的小斷面中，將鋼頭的金屬桿插入已經灌入環氧樹脂的長孔中，形成強韌的直線接合。長孔要有足夠空間，黏膠被擠壓的同時才能包覆到鋼鐵周圍，並且排出多餘的黏膠。椅腿的強度與硬度由鋼鐵部位提供；榫接的機械性接合力則來自樹脂形成的軸心。正如同所有創新的技術，想要確保成功，就必須得先試做。

現在我們來看看中國傳統精緻榫卯的代表、用於黃花梨椅（huanghuali chair）扶手與背靠的菸斗榫（pipe joint）要如何製作。

 # 中式椅用榫

標記

1

完成的菸斗榫會形成一個斜切的直角，所以木材兩側都要標出 45 度角的線條。我會用自由角規加上一把銳利的刀子來標記斜切面完成後的外緣線。

2

水平標記線連接起兩條斜線的末端。用刀子橫劃下去之前，先用尺量量看斜線是否能順利交會在橫線上，畢竟這個階段的任何誤差都可能導致榫接成品出現隙縫。

3

橫跨端面的線條標出斜切區塊的界限。這個區塊要夠寬，才能再進一步地削圓。

鋸出榫肩

蒄斗榫的每個斜切區塊大約各占去總寬度與深度的 1/4。

切出周圍的斜面，留下中央部分做接合使用。用精細的鳩尾鋸沿線從縱向下切。木材低處用虎鉗夾住以防振動。

再從橫向鋸掉榫接區塊的側面與末端廢料，低處同樣用虎鉗夾住。

切削斜切面

再來做斜向切割，讓榫接的每一側都形成斜邊。此時，半個立方體被切出三角形的側邊，成為榫頭。

比起鋸掉所有廢料，最後用鑿刀修整會比較輕鬆。鋸切後留下中央的半個立方體，以及兩塊稜柱形廢料。用鋒利的鑿刀削除廢料，最後再用榫肩鉋刨平。

如果一切順利，到這個階段時，榫接的兩半看起來會幾乎一模一樣。

155

切削尾部

以大約 1：8 這樣適合硬木榫接的角度標出鳩尾的側邊。鑿出尾部的兩側插槽，以承接做為榫接另一半的栓部木材。

依圖中方式夾住木材，讓斜切面大致呈水平。抵住線條，在廢料側鋸切。此時要斜握住鋸子，同時對齊：凸出端面的傾斜尾部前側，以及長直紋方向上的尾部直邊。

或者改用較小的鑿刀橫跨木紋方向鑿切，將廢料一點一點去除，使插槽逐漸成形。鑿刀一開始會沿著鋸痕鑿切，不過接下來就要沿著相同的水平線和垂直線切深，直到水平方向與垂直方向在內部呈直角相交，形成轉角。

標記插槽

最棘手的步驟，無非是將榫接的一邊標記到另一邊，因為任何誤差都會直接導致成品無法對齊。而要以榫接的其中一邊為樣板來標記另一邊，具體做法是將剛切好的尾部末端標記在另一半的頂部。標記時，兩塊木材的側面務必齊平。

切割栓部

切掉插槽的廢料，留下一對栓部，以便分別從兩側夾住鳩尾。比照先前切割尾部的方法，將木材傾斜夾緊，讓斜面轉為水平。這次鋸子要斜斜地鋸下，在端面上縱切的同時，相對是在長直紋方向進行斜切。

密合榫接

14
沿著木紋切削、往下鑿開。用鑿刀沿著鋸痕鑿深木材的溝槽。

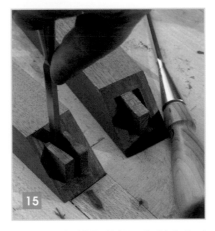

15
垂直鑿入插槽的基部，與削成水平的側面形成直角。

16
榫的兩半已經準備好壓合，形成緊密的接頭。

削圓

17
唯有當榫接已經確實密合，才可以繼續削出轉角處的圓柱形斷面。我使用由培林導引的削圓銑刀，其半徑等於方形木材厚度的一半。先削掉木材的稜角、再磨圓榫接的轉角末端。

TIP

用銑削台削圓時，不要一口氣切掉太多廢料。分階段提升銑刀的高度，進行多次走刀。

18
菸斗榫可以用線性砂光機（linear sander）打磨、削圓；或用軟木磨砂塊手工打磨。

展示榫接

這個榫接是怎麼密合的？左圖露面榫的四個面都可以看見一個完全互鎖的鳩尾，儼然是個機關！這個強固的榫頭將兩根方形的短柱拼接在一起。其中的祕密在於最後一道步驟，也就是用鉋刀將相接的木柱重新塑形，斜斜地往一對並排雙頭鳩尾榫上刨過。

機關露面榫

準備

1

首先選擇兩支顏色對比的木材，這樣榫接的細節才看得清楚。將木材切出方形斷面，要剛好比最終成品的面積大 40%，才能在最後階段重新塑形。

2

榫接要做得精美，必須刨出平直方正的基準面，然後用微調過的鋒利鉋刀去塑造木材的質感。

3

用直角尺檢查是否木材端面的每個轉角都是直角。將木材放在光源前方，檢查尺與木材中間有沒有縫隙會透光。

標記榫接

選擇要做成尾部的木材。用細鉛筆標出尾部的末端,將該面分成兩半,分別定位出兩支尾部的中心。接著在中心點的兩側分別標出尾榫的寬度,並以直角尺在尾部基底標出榫肩線。

用自由角規來標記兩支尾部的側邊,尾部的角度以寬度與長度比 1:8 來設定。比起一般的鳩尾榫側邊,這個角度看起來可能有點淺;但之後你會發現,最後的步驟會斜切過尾部,讓它看起來更寬。選擇長窄形的尾部尺寸才有這樣的表現。

用細鉛筆抵著自由角規,標出尾部的側邊。這個步驟不必以刀子劃線,因為尾榫的側邊形狀與位置準確與否並不重要。

使用帶鋸機

依照鉛筆線鋸出鳩尾的側面。最好使用帶鋸機,鳩尾鋸也可行。切記,鋸刃切出的鋸口會比鉛筆線更寬,意思是鋸刃應該要鋸在廢料側。鋸切時,試試看能不能保留一半的鉛筆線痕跡。

我還會用帶鋸機緩慢鋸出尾部的榫肩。這可能是整個榫接最重要的步驟:所有不平均的地方在榫接完成後都會變成間隙、或者讓榫無法好好密合。

在尾中之間

用鏤鋸,或者小型弓鋸、鋼絲鋸或電動線鋸在兩個尾榫中間鋸出插槽。讓鋸口到榫肩線之間保持在 1/16 英吋(1.5mm)的距離。

10

用斜刃鑿沿著榫肩線往後切出插槽。找一把刀面最寬、並與插槽寬度吻合的鑿刀，很快就能鑿出完整的寬度。確認鑿刀的刀鋒極其鋒利。

11

開鑿這樣的插槽時，我會預留最後的 1/16 英吋（1.5mm）。最後這一小部分可以一刀鑿掉，或用手下壓鑿刀逐次削掉，就能得到整齊的邊緣。

標記插槽

12

拿起剛切好的尾部，用一塊廢料撐住尾榫木材的遠端，尾部則放在第二塊木材的頂部。確保兩塊木材對齊，就可以標記尾部了。用銳利的尖頭標記刀伸入間隙中、沿著尾部周圍標記。

切削插槽

13

回到帶鋸機上，小心切出插槽的側邊。雖然尾部的側面形狀與尺寸不需要太準確，不過插槽必須確實吻合尾部的輪廓，完成的榫接才不會有縫隙。

▮ TIP

用刀子沿著榫頭周圍標記時，要確保照明充足，而且要站在能看清楚刀鋒的位置。用刀刃平的那一面抵住樣板。如果刀刃是斜面，就將刀子傾斜，讓斜面緊貼住樣板。

14

帶鋸機的鋸刃必須沿著刻線的廢料側鋸切，讓鋸口剛好貼著線。鋸切深度剛好停在榫肩線上或與榫肩線保持一點距離，才不會切過頭。

密合榫接

插槽很窄，寬度只有兩支尾部中間插槽的一半，所以不需要用鋸的。用細窄的斜刃鑿在兩邊各鑿個幾下，就能鑿出插槽。比照先前的做法，預留 1/16 英吋（1.5mm）的廢料，再往後切削到榫肩線。

見真章的時刻到了。試著將兩支尾部插入兩個插槽中。如果無法直接滑入插槽也別擔心；如果順利滑入，也可能代表它們之間太鬆。如果是這樣，通常稍微修整接頭的邊緣，就可以順利密合。

測試接合時只要結合榫的一部分就好。如果壓得太深，榫可能會在你試著將它拉開時斷裂。如果你滿意榫接的密合情況，就可以上膠、並以夾具或虎鉗將榫接徹底密合。

重新塑形

好戲上場，現在這對雙鳩尾榫即將變身機關榫。以 45 度角刨削接合的木桿，在每個轉角削去大量木料。不斷刨下去，直到將轉角削成新的一面為止。原本四個面的寬度逐漸縮減，變成新的轉角。

當這支結合木桿新形成的四個面削出相等的寬度、四個新轉角也平直均等時，就大功告成了。新切好的表面不會露出兩支鳩尾，而是一面一支鳩尾。你可以考考其他人，讓他們猜猜看這個榫接是怎麼做成的！

希爾（Ambrose Heal）是一位深具影響力的設計師，出生在成功的家具商世家。1900年代早期，他成功將美術工藝風格（Arts and Crafts style）由發源的高檔產業推廣到符合大眾口味的量產製品（high-street batch-produced work）中。美術工藝風格通常偏好讓榫接外露，而不是隱藏起來，希爾設計的斜頂鳩尾榫就是一個經典的例子。有時候，伊莉莎白風格的鄉村家具會搽上生石灰做為防腐與防蟲用，讓表面呈現灰白色之餘，並以其結塊的粉末來填補表面的粗孔。美術工藝風格的家具製造者重建了在橡木、白臘樹與榆木上做刷白處理的傳統，以呈現質樸的外表及凸顯榫接的特色。

斜頂鳩尾榫

特長的尾部

1

一般來說，貫穿式鳩尾榫的兩邊榫肩線位置會與另一邊木材的厚度相對應。如此一來，榫接很容易能對齊密合，在尾部與栓部打磨之後就能得到成品。相較之下，斜頂鳩尾榫故意做得比所需更長，導致穿出榫接。凸出的部分會另外塑形，在尾部末端做出金字塔的造型。

切削側面

2

以尾榫為樣板，用一般方法來標記栓部。以下是一般手工切割鳩尾榫的步驟。製作斜頂鳩尾榫唯一不同的是，標記榫肩線時會特意將尾部加長約 1/4 英吋（6mm）。

3

這個階段可以先測試接合狀況，但還不能膠合，因為接下來還要拆開榫接，進行尾榫末端的倒角作業。測試時，尾部會從栓部中間的插槽凸出來。

用設定精準的阻擋鉋在一整排尾榫的側面刨出倒角。鉋刀要歪斜，才不會撕裂尾榫頂面的短紋。

用鑿刀在每支尾部的前後進行倒角。一定要順著木紋方向往尾部的末端刨削。

刷白榫接

在刷上石灰塗料之前，要先用鋼刷刷過表面紋理、去除灰塵。鋼刷刷毛太硬，可能會傷及木紋，所以這裡使用的是銅刷。

刷白對比

相較於專利刷白蠟（右），普通的乳膠漆（左）其實是比較萬用的刷白材料。上漆幾秒過後，用乾淨的棉布沿著木紋方向擦拭，既能填滿木紋的縫隙，又能保持表面乾淨。

除了將整件家具刷白之外，另一種處理方式是只將榫接的其中一端刷白，另一端保持原色。當榫接膠合固定後，成品可以塗上清漆（clear varnish），讓刷白區域與原色區域形成對比。

蝴蝶鍵片是活榫頭，用途是為了鎖定兩塊木板的邊緣。美術工藝風格的家具工匠會使用黑檀木或其他熱帶硬木材質的鍵片來連接原生木材製的大型桌面。近期，廣受讚譽的家具名匠中島喬治（George Nakashima）就以應用這種技術來接合不齊邊的木板、創作當代風格作品而著名。

 # 蝴蝶鍵片榫

切割鍵片

1

2

蝴蝶鍵片嵌入表面插槽，成為一大裝飾亮點。圖中是一塊約 1/4 英吋（6mm）厚的黑檀木，上面標出蝴蝶鍵片的形狀。

為了牢固結合榫接，蝴蝶鍵片的邊緣通常會削到與表面垂直、或稍微傾斜。

蝴蝶鍵片都切割好後,以其為樣板,用劃線刀在周圍標出對應的插槽。每一組鍵片與插槽都要標上編號以確保密合。用斜刃鑿先鑿出插槽、再削出側面與底部。

用黏膠加上輕敲的方式將鍵片固定在插槽中,鍵片凸出表面不能超過 1/64 英吋(0.5mm)。接著再將鍵片刨平,使其與周圍木材齊平。為了平衡,鍵片可以同時裝在桌面的頂面與底面;在木材較厚的情況下特別適合。

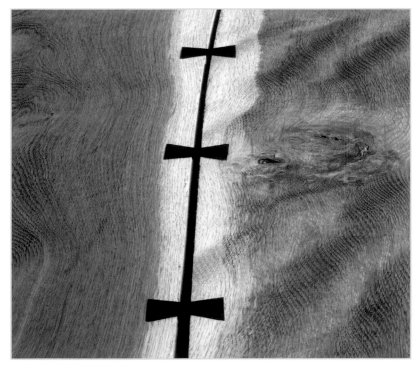

◄
蝴蝶鍵片鎖住棕色橡木桌面的開放式曲線接合處。

鳩尾絞榫（twisted dovetail）是一種不太常見的榫接，能同時鎖住側面和末端。你可能好奇，到底它一開始是怎麼密合的？

 # 鳩尾絞榫

鳩尾榫

先以這個普通的鳩尾榫做為對照。它的末端牢牢固定，但是如果沒有上膠，可以輕易從側面拉開。

鳩尾絞榫盒

用波浪紋理的懸鈴木與胡桃木製作精緻的珠寶盒，轉角部位使用鳩尾絞榫。木材顏色的對比能夠凸顯榫接。首先準備要用的部件，把邊緣刨平、尺寸也裁切好。製作榫接時，將木材的末端與末端對接，標出栓部與插槽的外側轉角。

使用精密的劃線規標出插槽的深度。比照貫穿式鳩尾榫的做法，同樣以木板的厚度來標記插槽基底的位置。

光芒四射的圖案

用滑動式自由角規分別複製正面與端面的角度，在栓部和插槽上標出相同的標記。這件珠寶盒的鳩尾絞榫採用光芒四射的圖樣。這種圖樣在標記時，整排接頭的角度都要個別調整，放射狀的刻線才會集中到同一點上。

在鋸切栓部或插槽前，最好先在廢料上打叉。木材以 45 度角夾在虎鉗中間，方便同時看到兩邊。用較小支的鋸子鋸出尾部的側邊，確保鋸口剛好落在線上。

用鏤鋸或鋼絲鋸去除插槽的廢料。比照貫穿式鳩尾榫的做法，用鑿刀修整出乾淨的榫肩。

重複在盒子的四個轉角標出接頭，每一個位置都以第一個榫的角度為樣板。

組合四個榫頭

組合各轉角的榫接時，兩塊木板要垂直，接頭則以 45 度角滑入定位。這代表盒子的四角必須同時間壓合，否則等到要接合最後一組接頭時，很容易就讓別塊木板變形。扭轉的鳩尾榫結合得相當緊密，即使不上膠，拆開時也一定會遭受破壞。將栓部的前端對準插槽，從 45 度角滑入，目測密合的狀況。

當你認為榫都對齊了，用一支細刷在栓部與插槽間的縫隙上膠，再將四個榫壓緊。等黏膠凝固後，邊緣先做倒角處理，再刨削榫的表面。倒角不只是裝飾，也可以確保在刨平榫接的邊緣時不會撕裂端面。

專有名詞

英式稱法（後方括號為美式稱法；＝表示英文全稱）

air-dried	風乾
在自然通風的環境中脫水	
arbor	機軸
用來固定機械刀具、使其旋轉的心軸或中軸	
Arbortech	〔澳洲機具品牌〕
安裝在砂輪機上的旋轉雕刻刀或鋸齒狀圓盤，可以快速切除大量木料	
arris	稜角線
木板表面在邊緣相接時所形成的長而尖銳的轉角	
Bailey plane	貝利鉋刀
常見的手鉋刀，用於鉋平木材表面。刀片後方裝有深度調節器	
Bedrock	基岩鉋刀
貝利手鉋刀的其中一種，擁有改良過的基座固定機制	
biscuit	餅乾片
用山毛櫸壓成的薄片，嵌入一對插槽中，即可發揮榫接作用	
blast gate	排氣閥
在機械與抽氣機中間控制空氣流通的閥門	
block plane	阻擋鉋
沒有基座的小型手鉋刀，用於修邊	
bowed	弓板
兩端彎曲的木板	
bridge guard	橋形擋板
鉋木成型機或鉋木機上面用來遮蔽銑刀的保護罩板	

bridle joint	囓接
側邊開放的榫頭與榫孔；或狹槽榫	
bull-nose plane	牛鼻鉋
刀片靠近前端、或底座前端為半圓形邊緣的手工鉋刀	
burnisher	研磨棒
用來磨平刮刀刀鋒的鋼棒	
burr（burl）	樹瘤
樹木細枝過度生長所形成的結節，常用於製作膠合板（veneer）	
case hardened	表面硬化
由於乾燥不當而使木材內部產生空洞，這樣的「蜂窩」要鋸開才能發現，木材可能就此作廢	
caul	膠合板壓模
用於壓製膠合板的半剛性模具	
checks	裂隙
木板外部由於乾燥條件不佳而出現的裂縫	
contractor-saw	桌上型圓鋸
輕量型圓鋸台	
cool-block	冷卻導塊
用來導引帶鋸機刀刃的塊狀金屬導件	
clamp（cramp）	夾具
以螺絲固定的攜帶式夾鉗，用於壓合木材	
crosscut cutting	橫切
橫跨纖維、從垂直於纖維的方向將其切斷	

crown-sawn	平切；弦切
圓木由一端鋸至另一端、切成木板	
cubic foot（twelve board-foot）	立方英呎
購買木材時的常用單位，35.3 立方英呎等於 1 立方公尺	
cupped board	彎板
因收縮不均而導致從某一端彎曲到另一端的木板	
cutter block	刀軸
鉋木機上用來安裝刀片的旋轉圓柱	
cutting gauge	割線規
由握柄、桿和刀刃構成的定規，用來刻劃與邊緣平行的細線	
dimension saw	定尺鋸
附有大型擺臂、用於切割板材的鋸台；也稱為方板鋸	
domino	domino 榫片
用山毛櫸壓成的方形木片，嵌入一對插槽中形成榫接	
dovetail	鳩尾榫
尖錐造型的指榫，適合用於抽屜和盒子	
dowel	木釘
圓柱狀的木條，壓入對應的洞中即可形成榫接	
drift	飄移
刀片不自主地偏離基準線	

英文	中文	說明
dust and chipping extractor	集塵機	利用葉輪將灰塵掃進集塵袋上方濾網的吸塵器
feed rate	進刀速度	將木材推進機械刀具的速度
ferrule	套箍	一般用來防止木材裂開的金屬環
Flitch cut	料板	從樹幹一端鋸到另一端得到的木板
frog	基座	手工鉋刀上的可動式鐵楔（壓鐵），用於固定刀片
glue line	膠合線	木材膠合在一起後，表面可見的線條
gullet	齒槽	鋸齒中間的溝槽
haunch	托肩	在樺肩上用來避免木材扭轉的凸出部分
heartwood	心材	樹幹中央較老的部分，通常比邊材硬
HEPA（= High Efficiency Particulate in Air filter）	高效率空氣微粒子過濾網	空氣濾網中的高效率粒子，可以過濾極細的灰塵
honing	鈍化	用細砂紙磨平刀尖

英文	中文	說明
HSS（= High-speed steel）	高速鋼	機械切削工具所使用的鋼材，可在高溫下運作
inch thick (four quarter or 4/4)	一吋厚	25.4 公厘，處理木材常用的厚度
kerf	鋸口	鋸片切出的溝槽
kickback	回彈	木材被刀刃卡住而甩出機械
kiln-dried	窯乾法	將木材放在溫度受控的溫熱密閉空間中脫水
lamina	薄板	薄木片，數層膠合緊密後可製成積層板
lapped dovetail (half-blind)	互搭鳩尾樺（半隱式鳩尾）	應用在抽屜前板中的隱藏式鳩尾樺
machining (milling)	機械切削	事前將木材裁切成適當尺寸並削平，以利進一步加工
marking gauge	劃線規	由握柄、桿和針構成的定規，用於刻出與邊緣平行的線
MDF （= Medium Density Fibreboard）	密集板	以木質材料壓製而成的高密度均質板材
mitre	斜切面	傾斜的末端或邊緣，可以兩兩配對、組成直角

英文	中文	說明
moisture content	含水量	木材中的水分含量，以水分在乾木材重量所占的百分比顯示
mortise	樺孔	用來承接樺頭、組成完整樺接的孔，通常是方形
mortise gauge	樺規	由木塊、握桿和兩支可個別移動的針組成，可以刻劃出兩條平行於邊緣的線條
muntin	中豎框	垂直的框架分隔條
Norris plane	諾里斯鉋刀	刀片上方裝有水平與深度整合式調節器的手工鉋刀
panel saw	方板鋸	多功能手工鋸，或是類似定尺鋸的機械式鋸台
paring	切削	用鑿刀順著木紋削下薄片
PCD（= Poly Crystalline Diamond）	多晶鑽石燒結體	細緻又堅硬的耐磨材料，可用來製作動力鋸片這類刀具的長效刀鋒
pistol grip	槍形握柄	握柄的下端有開口
pith	木髓	樹幹中央最早長出的部分，通常會被丟棄
planer（jointer）	刨木機	用來削平木材表面的機器

plywood	合板
將多片薄木板以不同木紋方向膠合而成的複合板	
PPE（= Personal Protection Equipment）	個人護具
護目鏡、耳塞或過濾面罩等防護設備	
pressure pad	壓板
用來將木材推入刨木機的木塊	
protractor	量角器
測量角度的量規，通常是半圓形	
push stick	推桿
前端分叉的工具，通常用木材或塑膠製成。用來將木材推入機械刀具，以避免手受傷的風險	
quarter-sawn	徑切；四分切
盡量以能夠切出樹幹半徑的角度鋸切木板，會比較穩定	
rake angle	耙角
鋸齒對比鋸刃移動方向的夾角	
reaction wood	反應木
在樹木生長過程中因壓力而分裂或被塑形的木材	
re-saw	二次鋸切
等木板乾燥後再將其切得更薄；同時也指專做此用途的特殊帶鋸機	
rip-cut	縱切
沿著木紋方向鋸切	
rod	原寸草圖
全尺寸的圖稿，利於掌握尺寸和角度	

rowed	條紋材
擁有自然條紋變化的木材	
riving knife （splitter）	分料器；劈刀
裝在鋸片後方、避免木材卡住的金屬鰭	
sapwood	邊材
在樹木外圈新長成的木材，通常比心材軟	
saw bench	鋸台
安裝在大張金屬桌面的圓鋸	
snipe	前後段差
使用刨木機時，板緣因不預期地過度切削而變薄	
scoring blade	刻槽刀
在主鋸片經過之前先在木材上刻出淺痕、以避免撕裂的小型圓鋸	
sash cramp （sash clamp）	板夾
以螺絲栓在長條導軌上的移動式夾鉗，用來夾緊框架或窗框的榫接部位	
Shaw-guard	推板
機器上面由彈簧施壓的板塊，用來將木材抵住刀具	
skip-tooth	跳齒刃
鋸齒間距較寬的帶鋸鋸片，深切時可帶走更多碎屑	
site saw	桌上鋸台
輕量型圓鋸台，可攜帶使用	
sanding block	磨砂塊
可貼上砂紙方便手工打磨的軟木塊	

scraper	刮刀
用來刮出光滑表面的扁平金屬盤，特別適合處理較不平的木紋。有時會安裝在鉋刀型的本體上。	
scratch stock	刮塊
用來修整邊緣或切槽，預備嵌入物體的小型刮刀。鋸齒會交錯偏開以免卡住	
sledge	推台
裝在機器上的滑動式搬運機，可將木材推過刀刃	
snatch	攫取
木材意外被刀片咬住而甩脫出軌道	

spelching（tearout）	撕裂	thicknesser（planer）	壓刨機	waney	自然的不齊邊
木材纖維被從表面或底面撕下		比對木材基準面、將另一面刨平的機械		直接取自樹木、未經處理的不平均板緣	
stile	門梃；豎框	through and through sawn（flat-sawn）	平紋鋸法	waterstone	水石
構成框架的垂直軌條		將大木塊鋸成許多木板的鋸法		合成磨刀石，將較硬的粒子附著在較軟的基材上。使用時需沾水潤滑	
stock	原木；柄	through dovetail	貫穿式鳩尾榫	wet and dry	水砂紙
原始木材；量規上的滑塊		從兩側跟末端都看得到尾部的鳩尾榫		適合沾水潤滑的砂紙，可用來磨光金屬	
substrate	基材	through tenon	貫穿式榫頭	whetstone	磨刀石
膠合板底部的實木或基礎		剛好凸出表面的方形木栓榫		磨利刀刃用的石頭	
table saw	鋸台	timber（lumber）	林木		
固定在大張平整桌面底下的圓鋸，通常以鑄鐵製成		木材的原木料			
tail	尾部	timber yard（lumber yard）	貯材場		
鳩尾榫的錐形指部（tapered finger）		儲存並出售已處理木材的場所			
TCT（= Tungsten Carbide Tipped）	碳化鎢合金頂端	tpi（= teeth per inch）	每英吋齒數		
可用來製造假牙或刀具的堅硬合成材料		表達鋸齒間距的單位			
template	樣板	tracking	校正		
已經切成特定造型的木板，可協助其他部件定型		調整帶鋸機的轉輪，使其對齊			
tenon	榫頭	tyre（tire）	輪箍		
用於壓入榫孔以組成榫接的木樁，通常為方形		橡膠或類似材質的環套，裝在帶鋸機的轉輪上			
Tersa knife	Tersa 刀具	vice（vise）	虎鉗		
刨木機使用的拋棄式刀刃		以螺絲固定在工作台上的夾鉗，可固定木材，以便作業			
try-square	直角尺	whetstone	磨刀石		
將長方形薄金屬片的一端固定在較厚的長方形手把上，組成可用來檢查直角的工具		磨利刀刃用的石頭			

供應商列表

經作者認可的優良工具商家及製造廠如下：

Axminster Power Tool Centre Ltd
Unit 10, Weycroft Avenue, Axminster,
Devon, EX13 5PH
Tel: +44 (0)3332 406406
www.axminster.co.uk

Clifton planes
Clico (Sheffield) Tooling Ltd
Unit 7, Fell Road Industrial Estate,
Sheffield, S92AL
Tel: +44 (0)114 243 3007
www.clico.co.uk

Festool power tools
TTS Tooltechnic Systems GB,
Saxham Business Park, Saxham,
Bury St. Edmunds, Suffolk, IP28 6RX
Tel: +44 (0)1284 760701
www.festool.co.uk

Gramercy saws
Tools for Working Wood
32 33rd St
Ste 502 (between 2nd Ave & 3rd Ave),
Brooklyn, NY 11232
Tel: +1 718 499 5877
www.toolsforworkingwood.com

Lie-Nielsen chisels, planes and saws
Lie-Nielsen Toolworks
PO Box 9, Warren, ME 04864-0009
Tel: +1 207 273 2520
www.lie-nielsen.com

Makita power tools
Makita (UK) Ltd
Michigan Drive, Tongwell,
Milton Keynes, Bucks MK15 8JD
Tel: +44 (0)1908 211678
www.makitauk.com

Pfeil chisels
F.Zulauf Messerschmiede und
Werkzeugfabrikations AG
Dennliweg 29, CH-4900 Langenthal,
Switzerland
Tel: +41 (0)62 922 45 65
www.pfeiltools.com

Record chisels
Record Power Ltd
Unit B, Adelphi Way, Ireland Industrial
Estate, Staveley, Chesterfield, S43 3LS
Tel: +44 (0)1246 561 520
www.recordpower.co.uk

Robert Sorby chisels
Robert Sorby
Athol Road, Sheffield, S8 OPA
Tel: +44 (0)114 225 0700
www.robert-sorby.co.uk

Titemark marking gauges
(these are made by Lie-Nielsen, as
above)

Veritas planes
Lee Valley & Veritas Tools Ltd
PO Box 6295, Station J, Ottawa, ON
K2A 1T4
Tel: +1 613 596 0350
www.leevalley.com

中英對照索引

國家圖書館出版品預行編目資料

西式榫接全書 / 約翰.布勒（John Bullar）著；郭政宏譯. - 三版. - 臺北市：易博士文化, 城邦文化事業股份有限公司
出版：英屬蓋曼群島商家庭傳媒股份有限公司城邦分公司發行, 2024.08
面； 公分
譯自：The complete guide to joint-making
ISBN 978-986-480-386-6（平裝）

1.CST: 木工 2.CST: 家具製造
474.3   113010700

Craft Base 39

西式榫接全書 ‧ 設計精巧╳結構穩固╳應用廣泛 翻倍木工藝時尚美感的木榫接合法

原 著 書 名／The Complete Guide to Joint-Making
作　　　者／約翰‧布勒（John Bullar）
譯　　　者／郭政宏
責 任 編 輯／邱靖容
選　書　人／邱靖容
總　編　輯／蕭麗媛

發　行　人／何飛鵬
出　　　版／易博士文化
　　　　　　城邦文化事業股份有限公司
　　　　　　台北市南港區昆陽街16號4樓
　　　　　　電話：(02)2500-7008　　傳真：(02) 2502-7676
　　　　　　E-mail：ct_easybooks@hmg.com.tw
發　　　行／英屬蓋曼群島商家庭傳媒股份有限公司城邦分公司
　　　　　　台北市南港區昆陽街16號5樓
　　　　　　書蟲客服服務專線：(02)2500-7718、2500-7719
　　　　　　服務時間：週一至週五上午09:00-12:00；下午13:30-17:00
　　　　　　24小時傳真服務：(02)2500-1990、2500-1991
　　　　　　讀者服務信箱：service@readingclub.com.tw
　　　　　　劃撥帳號：19863813　　戶名：書蟲股份有限公司
香港發行所／城邦（香港）出版集團有限公司
　　　　　　地址：香港九龍土瓜灣土瓜灣道86號順聯工業大廈6樓A室
　　　　　　電話：(852)25086231　　傳真：(852)25789337
　　　　　　電子信箱：hkcite@biznetvigator.com
馬新發行所／城邦（馬新）出版集團【Cite (M) Sdn. Bhd.】
　　　　　　41, Jalan Radin Anum, Bandar Baru Sri Petaling,
　　　　　　57000 Kuala Lumpur, Malaysia.
　　　　　　Tel：(603)90563833　　Fax：(603)90576622
　　　　　　Email：services@cite.my
視 覺 總 監／陳栩椿
美 術 編 輯／林雯瑛
製 版 印 刷／卡樂彩色製版印刷有限公司

圖片版權
照片：142 頁（上圖）© Sotheby's、154 頁（上圖）©The Bridgeman Art Library，其他均由作者 John Bullar 提供
插圖：142 頁（下圖）Melanie Powell/Shybuck Studios，其他均由 Simon Rodway 繪製

■ 2019年8月27日　初版　　　　　　　　　　　　　　Printed in Taiwan
■ 2024年8月13日　三版

ISBN 978-986-480-386-6　　　城邦讀書花園　　　
定價1200元　HK$400　　　　www.cite.com.tw